チームでの
未来戦略の
描き方

はじめてでもできる DX・事業変革プロセス入門

前川 直也 著

Introduction to DX and
Business Transformation Process

インプレス

はじめに

社会の変化が激しくなり、新しい技術も進化し、ビジネスを取り巻く環境はどんどん変化しています。

そのような環境で、

- ◆ 既存事業だけでは業績が下がる可能性がある
    - ➡ 急いで新規ビジネスモデルを構築して、新しいサービスや製品を作ろう
- ◆ 製造業務のパフォーマンスを上げ、ユーザーへの提供スピードをアップする必要がある
    - ➡ DXによるデジタルを活用した業務改革をしよう

といった、事業変革のための取り組みにチャレンジする企業は多くなっています。

この本を手に取ってくださったのは、なんらかの形で変革にたずさわっているか、今後たずさわることになる方ではないでしょうか。

活動はうまく推進できていますか？　成果につながりそうですか？

新規事業創造やDXによる業務改革を担当されている方々に聴いてみると、想定していたよりも苦戦しているといった話をよく耳にします。そもそも、新規事業創造や業務改革は、企業にとっては必須の活動ではあるものの、その時代時代で社会のニーズも変わりますし、何度も検討を繰り返してようやく答えが見つかるといった探索型の活動が中心になります。そういう意味で、なかなかうまく進まないのは、次のような新規事業創造や業務改革に特有の課題が原因になっていることが考えられます。

1. 新しいチャレンジなので明確なゴールを描きにくく、最初になにをどこまで決めればいいのかがわからない
2. やってみないとわからないことが多いうえに、そのやり方自体の経験がないので、暗中模索
3. 推進メンバー以外にもかかわる人が多く、意見調整や課題対策など、調整作業に手間がかかる

　これらの課題に向き合い、現場の活動に役立つノウハウや進め方を具体的にまとめたものが本書です。

　ただ、新規事業創造やDXによる業務改革といっても、業界それぞれで取り組みは違います。また活動の範囲も、事業戦略を考える、現場の課題を抽出して改善する、ユーザーへのサービス提供を改革する、ITシステムを構築するなど、幅広くなります。

　本書は、業界や業種を絞り込まず、「そもそもその改革でなにを目指そうとしているのか」を描くこと、「目指すべき姿」をより詳細に分析・検討し「仮説として定義する」こと、定義した仮説が目指すべき姿として実現できているのかを「仮説検証」することの一連の流れに合わせて具体的にまとめてあります。

　とくに新しくDX推進の担当になった方、新規ビジネスモデルを構築するミッションを受けた方、部門の枠を超えた新規サービスを考えることになった方など、はじめてトライアルに臨む方々に読んでほしい内容にまとめています。前提として、マーケティング知識が必要、ITシステムスキルが必要、データサイエンスがわかっていなければならないなどの制約条件はありません。気軽に読んで、共感して、実践してみてください。

　もちろん、これまで推進してきたものの思ったような成果が出ない、想定していなかった課題が発生することが多いなどで、もう一度やり方を見直したい方も、現在の活動と照らし合わせながら新たなヒントを探してみてください。

そしてもう1つ。新規事業創造やDXによる業務改革には、「デザイン思考」や「アジャイル」を活動に適用すると効果的といった記事や動画を見たことがあるかもしれません。もちろん、デザイン思考、アジャイルともに、新規チャレンジを推進するためには効果的な考え方です。私自身もこれらを活用しながら新規事業や業務改革を推進されている方々を支援してきたので、その強みをフル活用している立場です。

　デザイン思考やアジャイルは活動の手段として確かに効果がある反面、ついつい「やらなければならない活動の目的」ととらえて、気にしすぎてしまうこともよく見かけます。これは、改革活動などでまれに発生する「手段の目的化」と呼ばれる失敗につながりやすい現象です。本書では、それぞれの詳細がわからない方にも現場で使っていただけるように、デザイン思考やアジャイルというキーワードを使わずにまとめました。それぞれの言葉を気にすることなく、本書に書かれた内容をそのまま実践してみてください。

　また、書名にある『チームでの未来戦略の描き方』のとおり、本書では「チーム」での活動に焦点を当て、重点的に取り扱います。とくに第6章では「チーム」としての効果を引き出すための具体的なポイントや活動方法を説明します。

　新規事業創造もDXによる業務改革も、どちらも自分1人だけで推進できる活動ではありません。必ずチームで動くことになります。複数の部門や人たちが関与するチームだからこそ課題は増え、やりにくさを感じることもあるでしょう。ですが、チームで活動することによって得られるメリットのほうが断然多いのです。それらのメリットも本書から吸収して、現場の活動に応用してください。

　では、現場の活動に役に立つヒントを見にいきましょう！

前川 直也

Contents

はじめに ii

第1章 事業改革を進めるための3つの軸

1-0 いますぐ知りたい 第1章の読みどころは? 002

1-1 推進するためにコアとなる3つの軸 005
 1-1-1 企業は新しいチャレンジを続けていく必要がある 005
 1-1-2 新しいチャレンジで発生する不安 007
 1-1-3 推進するためにコアとなる3つの軸とは? 008

1-2 推進を阻むアンチパターン 012
 1-2-1 推進しているとこんなことが起こりませんか? 012

1-3 自社の"型"を作り出す 017
 1-3-1 自分たち自身の"型"を作り、ステップアップを目指す .. 017
 1-3-2 新規ビジネス創造や業務改革で大切にすべき3つの「推進の軸」 . 020

第2章 目指すべきゴールの策定・共有による ビジョンの明確化 〜ベースの考え方〜

2-0 いますぐ知りたい 第2章の読みどころは? 022

v

2-1 　ベース　目指すべきゴールの策定・共有による
　　　　 ビジョンの明確化 ･･････････････････････････ 024

- 2-1-1 「Will」と「Must」とは？ ･･････････････････････ 024
- 2-1-2 「Will」を忘れた「Must」になっていませんか？ ･･････ 027
- 2-1-3 頭のなかで思いついた「Will」を的確に伝達する ･････ 029
- 2-1-4 「Will」の伝達から考える新規チャレンジでの課題の原因 ･･ 032
- 2-1-5 仮説を具体化するためのアプローチとステップ ･･････ 038

2-2 　課題　仮説検討で発生しがちな現象 ･･････････ 048

- 2-2-1 【現象①】具体的な検討をしているが、
　　　　検討結果にばらつきが出る ････････････････････ 049
- 2-2-2 【現象②】ユーザー視点で考えているはずなのに、
　　　　解決できるソリューションになっていない ･･････････ 052
- 2-2-3 【現象③】仮説が定義できたが、目新しさがない ･･････ 055

第3章 目指すべきゴールの策定・共有による
ビジョンの明確化 〜推進活動〜

3-0 いますぐ知りたい 第3章の読みどころは？ ････････ 060

3-1 チームでビジョンを明確にするための
　　　キーポイントとは？ ････････････････････････････ 061

3-2 　キーポイント1　想いを具体的に伝え、
　　　　 共有、共感してもらう ････････････････････ 063

- 3-2-1 5W1Hで具体的にイメージできるように伝える ･･････ 064
- 3-2-2 自分自身の経験や感性につなげて伝える ･･････････ 068
- 3-2-3 共有できていることを確認する ･･････････････････ 071
- 　事例　株式会社フルノシステムズ
　　　　〜定例の議論を繰り返し、チーム内の共感を実現〜 ････ 074

3-3 キーポイント2 実現できるものを考えるのではなく、ユーザーが使いたいと思うことをイメージする ……… 078

- 3-3-1 ユーザーが使いたいと思うことをイメージする ……… 080
- 3-3-2 ユーザー視点で考える ……… 084
- 3-3-3 As Is（現状）とTo Be（目指す姿）で比較する ……… 089
- 事例 株式会社フルノシステムズ 〜カスタマージャーニーマップを活用しチームの議論を活性化〜 ……… 096
- 3-3-4 どのようにしてユーザーに届けるのかを考える ……… 099
- 3-3-5 ペインだけでなくゲインを意識する ……… 109
- 事例 株式会社フルノシステムズ 〜サービスの関係性を可視化し、チームで共有〜 ……… 115

第4章 短いサイクルアプローチによる変化に適応した仮説検証 〜ベースの考え方〜

4-0 いますぐ知りたい 第4章の読みどころは？ ……… 120

4-1 ベース 短いサイクルアプローチによる仮説検証の推進 ……… 123

- 4-1-1 なぜ仮説検証するの？ ……… 123
- 4-1-2 短いサイクルで仮説検証を実施する ……… 126

4-2 課題 仮説検証で発生しがちな現象 ……… 128

- 4-2-1 【現象①】定義した仮説の検証になっていない ……… 129
- 4-2-2 【現象②】検証する範囲がばらつき、効果的な検証サイクルが回せない ……… 132
- 4-2-3 【現象③】できる限り多く検証しようとして、仮説検証に時間がかかってしまう ……… 134

4-2-4 【現象④】暫定的なプロトタイプで確認することで、
　　　 ユーザー視点での価値評価が不足する ················· 138

4-2-5 【現象⑤】プロトタイプの修正に集中してしまい、
　　　 推進方法の改善ができていない ······················· 141

4-2-6 【現象⑥】リーダーからの指示中心で進められ、
　　　 メンバーが受け身になってしまう ····················· 144

短いサイクルアプローチによる変化に適応した仮説検証 〜推進活動〜

5-0 いますぐ知りたい 第5章の読みどころは? ············ 148

5-1 短いサイクルの仮説検証のためのキーポイントとは? ············ 149

5-1-1 3つのキーポイント ································ 149

5-1-2 ふりかえりによるチームの改善 ······················ 152

5-2 キーポイント1 短いサイクルに合わせた段階的な推進計画を作る ············ 153

5-2-1 全機能を一気通貫につなげて検証 ···················· 153

5-2-2 製品の提供形態までも変革できる ···················· 155

5-2-3 サイクルプロセスを計画する ························ 159

5-2-4 MVPを設定する ···································· 168

5-2-5 完了条件（Doneの定義）を明確にする ················ 183

5-3 キーポイント2 動くものでユーザー価値を検証する ············ 188

5-3-1 プロダクト責任者を決める ·························· 190

5-3-2 プロダクトレビューの実施 ·························· 193

5-4 キーポイント3 短期間で推進チーム自体も改善 ············ 199

5-4-1 チームファシリテーターを作る ······················ 201

5-4-2　継続したふりかえりの実施 204

第6章 「自分ごと化」と「チームごと化」による推進の一体化

6-0　いますぐ知りたい 第6章の読みどころは? 210

6-1　ベース 「自分ごと化」と「チームごと化」による推進の一体化 212

6-1-1　チームで推進したいのに、メンバーが受け身になってしまう原因とは? 212

6-1-2　パッションが推進を加速させる 214

6-1-3　パッションの自分ごと化で相互作用が発生する 217

6-1-4　対話する型と機会を作る 219

6-1-5　推進活動と並行して対話する「ふりかえり」 220

6-1-6　実績ある型を活用しながら慣れる 221

6-2　課題 チームでの推進で発生しがちな現象 222

6-2-1　【現象①】推進メンバーの発言する機会が少ない 223

6-2-2　【現象②】仮説検討担当とITシステム開発担当に距離感がある 228

6-2-3　【現象③】外部ベンダーに依存しすぎてノウハウが蓄積できない 231

6-3　「自分ごと化」「チームごと化」による推進のキーポイントとは? 235

6-4　キーポイント1 ワークショップ型で全員参加を実現 237

6-4-1　「共感」が「パッション」になり相互作用で「共創力」が生まれる 238

6-4-2　「共創」を引き出すワークショップに必要なアクティビティ 239

	6-4-3	「自分ごと化」に変えていく……………………… 241
	6-4-4	「チームごと化」を引き出す……………………… 244
	事例	株式会社永和システムマネジメント 〜未来を自分たちでカタチにする「さきのこと」の取り組み〜…… 248

6-5 キーポイント2 ビジネス＋ITのワンチームを構築する　252

- 6-5-1 「ビジネス定義」と「IT構築」の壁を取り払う……………… 253
- 6-5-2 お互いに助け合えるチームにする……………………… 255
- 6-5-3 つなぐ役割を立てる……………………………………… 256

6-6 キーポイント3 強みを持つパートナーと組む　258

- 6-6-1 「共に作っていく」対等な関係を構築する………………… 258
- 6-6-2 自社の強みを言語化する………………………………… 259

トランスフォーメーションの成功を目指して〜あとがきにかえて〜 … 261

INDEX ………………………………………………………………… 264

著者紹介 ……………………………………………………………… 269

■本書情報および正誤表のWebページ

正誤表を掲載した場合、以下の本書情報ページに表示されます。

　　https://book.impress.co.jp/books/1122101131

※ 本文中に登場する会社名、製品名、サービス名は、各社の登録商標または商標です。
※ 本書の内容は原稿執筆時点のものです。本書で紹介した製品／サービスなどの名前や内容は変更される可能性があります。
※ 本書の内容に基づく実施・運用において発生したいかなる損害も、著者、ならびに株式会社インプレスは一切の責任を負いません。
※ 本文中では®、TM、©マークは明記しておりません。

第 1 章

事業改革を進めるための3つの軸

いますぐ知りたい第1章の読みどころは?

> **未来を描く この章のエッセンス**
>
> この章では、**新規チャレンジを推進するための「3つの流れ」**を紹介し、**事業改革を推進するためにコアとなる「3つの軸」**を解説します。3つの軸はそれぞれ第2章〜第6章で具体的に説明しますが、第1章では、推進時によくある失敗を念頭に、推進するうえで大切にすべきことを考えます。
> 本書のベースを感じていただきながら、新規チャレンジプロジェクト推進の拠り所をつかむことができます。

本書では、新規ビジネス創造や業務改革などの取り組みにおいて、実際に推進していくみなさんに役立てるように、新規チャレンジを推進するための3つの流れに合わせて、それらの具体的な活動内容を紹介していきます。

まずは、新規チャレンジを推進するための一般的な3つの流れを確認しておきましょう。

激しい社会変化に対する新規チャレンジでは、開始段階から明確な答えを定義できているわけではありません。そのため、新規ビジネス創造や業務改革は、目指すべき姿を探し出し(理解と共感)、仮説を定義し(仮説定義)、考えた仮説を検証していく(仮説検証)という3つの流れで進めていきます。

① 【理解と共感】:なにをどのように創造・変革しようとしているのか、方向性を実現するメリットも含め理解・共感する

② 【仮説定義】：①で共感した内容から具体的な目標を立て、どのように実現するのかという課題とニーズを洗い出し、具体的な仮説として定義する

③ 【仮説検証】：②で定義した仮説をもとに、実際に動作するシステムやサービスを作り上げ、仮説は正しいのか、変革につながるのかを検証しながら完成させていく

それぞれの「実施目的」「完了判断基準」「おもな成果物」は、図1-1のとおりです。

	① 理解と共感	② 仮説定義	③ 仮説検証
実施目的	変革の方向性を共有	実現内容を仮説として定義	仮説定義した内容を検証
完了判断基準	ステークホルダーやメンバーが変革方針に共感し、合意している	目指すべき姿が定義され、どのように実現するかが目標も含めて定義されている	定義された仮説の実証検証により、変革が確実に効果を出せる形で完成されている
おもな成果物	・自社における推進のねらい ・方針書 ・活動の背景となる基礎データ	・ビジョン／目標／戦略 ・現状分析結果 ・要求定義書 ・運用手順案	・検証実施計画 ・検証対象システム ・検証結果 ・フィードバック結果

●図1-1 新規チャレンジを推進するための3つの流れと活動

　本書ではこの3つの流れをベースに、新規ビジネス創造や業務改革について、各章で具体的にどのようにアプローチするのかをみなさんと一緒に考えていきます。

　第1章の「事業改革を進めるための3つの軸」では、この3つの流れにどのように立ち向かうのかを考えます。まずは本書のベースとなる考え方である「3つの軸」について説明し、それ以降の章につなげます。

　第2章、第3章では1つ目の軸である「目指すべきゴールの策定・共有によるビジョンの明確化」で、「①理解と共有」「②仮説定義」に

ついての具体的な進め方を説明します。第2章で基本的な考え方と現場で発生しがちな課題について共有し、第3章で推進のためのキーポイントと具体的な推進活動（アクティビティ）を説明します。

そして、第4章、第5章では2つ目の軸「短いサイクルアプローチによる変化に適応した仮説検証」で「③仮説検証」を具体化します。第4章で基本的な考え方と現場で発生しがちな課題について共有し、第5章で推進のためのキーポイントと具体的な活動のためのアクティビティを説明します。

最後に第6章で3つ目の軸「『自分ごと化』と『チームごと化』による推進の一体化」で、3つすべての流れにおける推進のベースとなる考え方を解説します（図1-2）。

また、いくつかのページに「未来をつかむ！ いま知っておきたい戦略」というコラムもあります。本文とは直接つながらないかもしれませんが、密接に関連している各種情報を紹介しています。こちらもぜひ楽しんでください。

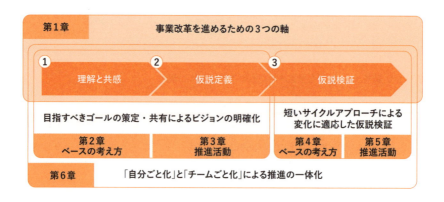

●図1-2 新規チャレンジを推進するための3つの流れと章の関連

1-1 推進するために コアとなる3つの軸

> **学ぶことが楽しくなる この節のエッセンス**
>
> 新規ビジネス創造や業務改革などの新規チャレンジは、目指すべきゴールが定めにくいことも影響し、推進における不安が発生します。違った観点の3つの不安に対してポジティブに対策方法を考えることで、**推進するためにコアとなる3つの軸**が見えてきます。

1-1-1 企業は新しいチャレンジを続けていく必要がある

VUCA（ブーカ）の時代というキーワードが聞かれるようになって、かなりの年月が過ぎました。Wikipediaには、「1990年代後半にアメリカ合衆国で軍事用語として発生したが、2010年代になってビジネスの業界でも使われるようになった」とあります。ビジネス業界で使われ始めて、すでに10年程度は経過していることを考えると、みなさんも耳にタコができるほど聞いたキーワードかもしれません。筆者自身もセミナーなどでつい使ってしまうキーワードの1つです。

Volatility（変動性）

Uncertainty（不確実性）

Complexity（複雑性）

Ambiguity（あいまい性）

確かにいまの社会は、変動的で、不確実で、複雑で、あいまいな時代環境ではあります。しかしそのなかで、すべてのビジネスが混乱して路頭に迷っているかというと、そういうわけでもありません。確実に成果につなげている企業もたくさんありますし、新しく勝ち組みになっていく企業もあります。さらに、2020年からのコロナ禍において、いままでとは違った形でVUCAが加速し、一気に変動的な社会になりました。この避けて通れない社会変化に対して、ビジネスの世界でも企業は存続をかけて対応し続けています。

もちろん、社会変化にも対応できる既存事業を持っており、大きくシフトチェンジしなくても一定の収益を上げ続けることができる企業もあったでしょう。しかし、ほぼすべての業界において、これまで築いてきた収益モデルに依存するだけでは限界があります。複雑な社会で、利用者が価値を感じられる新しいビジネスを創造し、そのやり方も改革し続ける必要があります。

また、ビジネスを創造・変革するといってもさまざまなパターンがあり、どのようなアプローチを選択するのかを決定するのも重要な経営戦略です。

たとえば、新規性が高い順でリストアップすると、

1. これまで構築してきた製品やサービスの枠を超えた新しいものを作り出す
2. 既存の製品やサービスのコアを残しつつ、視点を変え、作り変えることで、ユーザーに新しい価値を提供する
3. 既存の製品やサービスの提供内容は大きく変えないものの、設計・開発・製造などの業務自体を大きく変え、アウトプットまでの時間を短縮する、またはコストを削減する
4. 業務自体の流れを改善し、利益向上と従業員の時間の余裕を作り、企業の優位性を向上させる

といったパターンが考えられます（図1-3）。そして、これらは1回き

りで終わるものではなく、企業はどんどん変わっていく社会環境のなかで新しいチャレンジを続けていく必要があるのです。

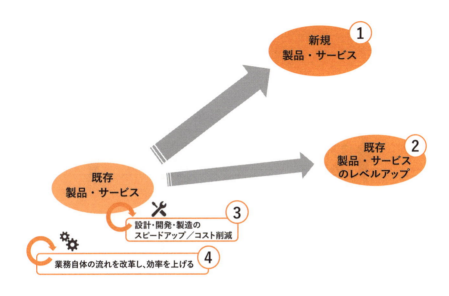

●図1-3 新規ビジネスでのパターン分岐

1-1-2 新しいチャレンジで発生する不安

　詳細なやり方に違いがあるものの、ほとんどの新規ビジネス創造や業務改革は、本章の冒頭で説明した「新規チャレンジを推進するための3つの流れ」を基本に進めていきます。ですが、新しいチャレンジの要素がどうしても強いため、最初から明確な答えがあるわけではありません。そのため、本当に成功するのだろうかという「戦略の不安」、どのぐらい検討すればユーザーに提供できるのかという「完成度の不安」、このメンバーで新しいチャレンジをうまく進めることができるのかという「推進の不安」が必ず発生します（図1-4）。

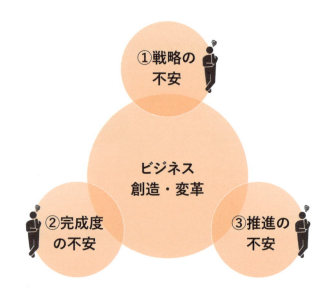

●図1-4 ビジネス創造・変革での不安

　これらの不安に打ち勝つために、いままでの枠を超えた新規ビジネス創造アプローチが必要です。既存の事業を継続させるためのアプローチであれば、これまでの経験や知見も活用できるため、目標や達成すべきルート（推進プロセス）は比較的設定しやすいでしょう。しかし、新規に事業を立ち上げて形にするアプローチは、これまでの経験や知見が適応できないことが多いです。そのため明確な答えが見つかりにくく、これらの不安を抱えながらも、進むべきルート（推進プロセス）を探りながら目標を目指すことになります（図1-5）。

1-1-3　推進するためにコアとなる3つの軸とは？

　残念ながら、これらの不安は放置していても解決しません。そのため、不安自体を前向きにとらえ、逆説的なアプローチを具体的に考えてみましょう（図1-6）。

●図1-5 新規事業ではルートを探りながら目標を目指す

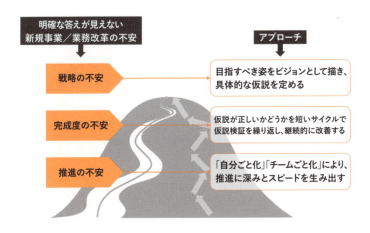

●図1-6 推進の不安に対するアプローチ

　「戦略の不安」に対しては目指すべき姿をビジョンとして描き、具体的な仮説を定め、「完成度の不安」に対しては仮説が正しいかどうかを短いサイクルで仮説検証を繰り返し、継続的に改善し、「推進の不安」に対しては「自分ごと化」「チームごと化」により、推進に深みとスピードを生み出します。

　不安をポジティブにとらえ、具体的なアプローチを考えることで、目指すべき姿が見えてきましたね。

では、不安に対するアプローチを図1-1で示した「新規チャレンジを推進するための3つの流れ」に照らし合わせてみましょう（図1-7）。「戦略の不安」は、3つの流れの「①理解と共感」と「②仮説定義」に起因する要素が強いので、これら2つをまとめて「仮説定義フェーズ」として照らし合わせます。「完成度の不安」は、「③仮説検証」の流れに起因することが多いので、「仮説検証フェーズ」として照らし合わせます。「推進の不安」は3つの流れ全体にかかわるので、「チームづくり」として照らし合わせます。

　それぞれのアプローチをマッピングすることで、活動を推進するためにコアとなる「3つの軸」が見えてきます。

1. **仮説定義フェーズ：目指すべきゴールの策定・共有によるビジョンの明確化**
2. **仮説検証フェーズ：短いサイクルアプローチによる変化に適応した仮説検証**
3. **チームづくり：「自分ごと化」と「チームごと化」による推進の一体化**

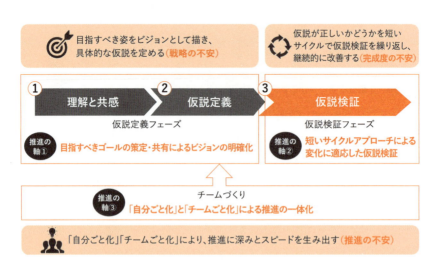

●図1-7　新規チャレンジを推進するための3つの流れと
　　　　 事業改革を推進するためにコアとなる3つの軸のマッピング

もちろん、これらの「3つの軸」にはさまざまな活動が含まれます。このあとに詳細なポイントも説明しますが、どれだけ計画を細かく作って社内の重要なキーパーソンを集め、十分な投資費用を準備したとしても、新規ビジネス創造や業務改革は、前述したとおり、開始する時点で明確な答えがあるわけではありません。重要なのは、誰しも不安を抱えながら推進するしかないということです。

だからこそ、不安があることを逆に「新規ビジネスを成功させるための変革の推進の軸である」ととらえて、<u>前向きに不安を楽しむことが成功への鍵になる</u>のです。

未来をつかむ！いま知っておきたい戦略①
〜「匠Method」でビジョンと具体的戦略を結びつける〜

　定義された仮説を検証するという意味で、定義と検証はつながっているものです。しかし、仮説定義を詳細化していくことで目指すべきビジョンからしだいに離れ、検証がぶれていくという課題が発生する場合があります。「匠Method」は、そうした課題を取り除き、目的と手段を紐づけ、ビジョンと具体的な戦略を結びつけることができる有効な価値デザインモデルです。以下書籍で解説されているので、紹介します。

『ビジネス価値を創出する「匠Method」活用法』（萩本順三 著、翔泳社刊）ISBN：9784798157283

　本書で実践された方の次のステップとしてこの書籍は非常に参考になりますので、ぜひ読んでみてください。

「匠Method」のサイト
　https://www.takumi-businessplace.co.jp/takumi-method/

推進を阻む
アンチパターン

> **学ぶことが楽しくなる この節のエッセンス**
>
> 事業改革を推進するためにコアとなる3つの軸それぞれに対して、よくある失敗例をピックアップすることで、陥りそうなリスクをとらえることができます。
> 「よくある失敗には、どのような対策があるのだろう？」を意識することで、第2章以降への理解度が高まるはずです。

1-2-1　推進しているとこんなことが起こりませんか？

　ここまで、新規ビジネス創造や業務改革における「新規チャレンジを推進するための3つの流れ」と、それらを実現するための「事業改革を推進するためにコアとなる3つの軸」を説明してきましたが、実際に推進してみると、いろいろな弊害が起こります。ときには失敗することもあるでしょう。ですが、そこから学んでブラッシュアップできれば効果は非常に大きいので、失敗することも重要です。

　多くの方が似たような失敗になってしまうことを「アンチパターン」といいます。アンチパターンを先に知っておくことで、発生を抑えることができます。新規チャレンジ推進時に発生しがちなアンチパターンをピックアップし、みなさんと共有・共感することで、推進活動にどんなリスクがあるのかを考えてみましょう。

　「活動を始めたもののなんだかうまくいかない」「順調に推進しているようには感じているのだが思ったようなアウトプットが出ない」と

いう不安がある場合、事業改革を推進するためにコアとなる3つの軸が不足していることが考えられます。以下にそれぞれの軸ごとに新規ビジネス創造や業務改革で発生しやすい課題傾向を抽出しましたが、いまの段階では、具体的な原因まではまだ説明しませんので、「そうそう！　あるある！」「同じような現象が発生している！」といった共感をしていただくだけで大丈夫です。

1. 仮説定義フェーズ：目指すべきゴールの策定・共有によるビジョンの明確化

【課題：ビジョンが不明確】

- ✓「とにかく新しいビジネスを考えてみて」「DXに取り組んで」といったおおまかなミッションばかりで、ビジョンすらない
- ✓ 経営層からビジョンとして定量的な数値目標（3年後に○○億円達成など）は提示されているものの、どのような顧客が、どんなメリットを享受できるかなどの具体的な姿が想像できない
- ✓ 3か年〜5か年の中期経営計画は設定されているものの、新規ビジネス創造に向けた具体的な活動の指針にはならない
- ✓ そもそもビジョンがないところからスタートしているため、ひとまず思いつく事象から仮説を設定しており、具体的に目指す姿がない状況で仮説検証に入ってしまう

【課題：仮説があいまい】

- ✓ 定義されたビジョンにそって仮説は定義されているが、質や特徴などの要素（定性的）ばかりで、数値的な目標（定量的）が少なく、判断できる根拠が不足している。そのため、仮説判断の軸がぶれる（それよさそう！　とりあえずやってみよう！　という思いつき重視の単なるカット＆トライの流れになっている）
- ✓ 新規ビジネスや業務改革のためのフレームワークを使って、複数の視点で考慮してから仮説を設定する必要があるが、"型"がないため、考え方や仮説の根拠があいまい

2. 仮説検証フェーズ：短いサイクルアプローチによる変化に適応した仮説検証

【課題：推進が受け身になる】

- ✓ 目指すべき仮説（Will）として定義したはずなのに、達成しなければならない定義（Must）であると勘違いし、達成しなければ責められるという誤った認識にはまり、推進自体が受け身になってしまう（Will と Must については第 2 章で説明します）
- ✓ 失敗すると叱責されそうなので、失敗を隠ぺいするための辻褄合わせになり、顧客価値の判断として可もなく不可もない状態で仮説検証を繰り返してしまう
- ✓ 設計→レビュー→実装→レビュー→テストなど、既存の予測可能プロセスに合わせた段階的で手順重視の中長期な計画検証型のプロセスを選択し、計画どおりに推進することを重視してしまうことで、動くものでの仮説検証が最後に回される

【課題：検証でのフィードバックがあいまい】

- ✓ 短いサイクルで仮説検証は実施できているが、検証結果からのフィードバックができていない、またはフィードバックが表面的な結果のみになってしまい、進め方自体の改善につなげることができず、継続的な改善サイクルが実現できていない
- ✓ 仮説検証はよい成果につながり、ユーザーに価値を届けられるプロダクトだという自信は持てたものの、どのように収益につながるのかというマネタイズ（その価値に対して誰がどのようにお金を支払ってくれるのか）、どのように市場に宣伝するのかという販売促進計画（マーケティング戦略）の策定、ユーザーに対して定期的に機能アップデートする方法が確定されていないなど、具体的な事業戦略・計画ができていないので提供に不安が残る

3. チームづくり:「自分ごと化」と「チームごと化」による推進の一体化

【課題:自分のなかで腑に落ちていない】

- ✓ 社員がビジョンをミッション(業務指示)として感じており、自分ごととして共有・昇華できていない
- ✓ 何度も社内検討を繰り返し、自分たちで議論しつくしたと思っているが、実際には既存の考え方から抜け出せておらず、違った視点での変革にまで至れていない

【課題:チームができていない】

- ✓ 本来は推進チームにおいて、違った立場で、個々の強みを持った人たちが相互作用し、想定以上のパワーを発揮できることを期待しているのに、トップダウンの指示型マネジメントになってしまい、メンバーからの意見が出ない(出しにくい)ことで、リーダーの主観的な判断のみの視点の狭い仮説検証が繰り返される
- ✓ 仮説検討・設計・開発にたずさわったメンバーは、できれば今後もチームとして継続的にプロダクト(またはサービス)にかかわっていきたいと思っているが、発売後すぐに別の案件にアサイン計画されており、提供後に市場での反応をフィードバックできるチームが存在しない

少し極端に表現している部分もありますが、いかがでしょうか? みなさんの経験に照らし合わせてみると、「そうそう!」という内容もあったのではないでしょうか。

これらは、著者自身が新規ビジネス創造や業務改革で経験したことでもありますし、実際に推進側で活動してきた方々から聴いた内容をもとに分類してみたアンチパターンです。確かに、このような状況になってしまうと、継続してトライしてみようというモチベーションが下がってしまうかもしれません。仮に成功していたとしても、つらい経験になってしまい、「もう一度チャレンジするぞ!」という思いを

そぎ落とされることになります。

では、そうならないためにはどうしていけばいいのでしょう？
　それぞれのアンチパターンに対してどう対応すればいいのかは、第2章以降で具体的なポイントとして説明します。ただし、このようなアンチパターンが発生する原因は、単に推進方法が間違っているだけではなく、各企業でこれまでに培ってきた仕組みやルールなどの定常的な業務推進プロセスが邪魔をしていることがあります。あるいは、長年の企業活動のなかで培ってきた文化や風土から抜け出せず革新的なアプローチができないことなども考えられます。
　こうした企業の文化や風土はよい面がある一方で、変革を邪魔する原因になる場合もあります。そのときは、それらの過去資産をすべて否定してしまうのではなく、逆にこれまで培ってきた自社の資産を社会の変化に適応させながらブラッシュアップさせましょう。そうすることで、本書でまとめた内容が自社に合った新しい"型"として形成され、継続して存続できる企業になるための柱になるはずです。

未来をつかむ！いま知っておきたい戦略②
〜「出島」で既存の風土や文化から離れて取り組む〜

　既存の文化や風土、プロセスなどが邪魔してしまい、改革が進まない場合に、組織全体が抱える制約を乗り越えるための有効な手段として活用されるのが「出島」方式です。
　企業のなかに少人数の独立したチームを作り、既存の文化からある程度切り離した新しい環境を作り、そのなかで新しいアイデアや技術を試みます。
　別会社を作らず企業のなかに「出島」を作るのは、成功したあとに、そこから生まれた新しい意思決定の方法や手法を企業全体に横展開することで、既存の文化や風土を大きく変えずに重要な部分だけを刷新できるといった効果があるからです。

1-3 自社の"型"を作り出す

> **学ぶことが楽しくなる この節のエッセンス**
>
> 組織やチームで推進する場合、「思ったように進まない」「どうしたらいいのだろう」といったジレンマを感じることもあるでしょう。この節では、推進の仕方を段階的な「組織の状況」で整理します。それにより、みなさんがいまどのような状況なのか、今後どのような組織を目指せばいいのかを考えることができます。

1-3-1 自分たち自身の"型"を作り、ステップアップを目指す

　これまでに示したアンチパターンのように、新しいビジネス創造や業務改革を推進しようとしても、なかなか思ったように進まないことも多いでしょう。そのような場合、具体的な対応策が見つからないまま、次のような状況に陥っているのをよく見かけます。

1. 苦労しながらも、とにかくがむしゃらにトライを続ける
2. 何度やっても成功の確信が持てないまま、だんだん自信がなくなってしまう（不安だけが蓄積されて、徐々に推進者のモチベーションが低下してしまう）
3. 仮説は定義したものの経営層からのコミットが得られず、仮説定義のフェーズから抜け出せない

　思ったように進まないだけでなく、せっかく時間とお金をかけて推

進していたのに、最終的にプロジェクトが中止になってしまうことすらあります。

　著者自身も、新規ビジネス創造やDXでの業務改革にチャレンジしているさまざまな企業にヒアリングをする機会が多くありました。数年かけて自社独自の新規ビジネス構築のための推進モデルを定義し、そのモデルにそって継続的な推進ができている企業もありました。しかし大半の企業が、どのように進めていいのか模索し続けている状態で、推進のための手順やフレームワーク、体制などを定義できないまま、なんとか推し進めている現実を強く感じました。つまり、自社で推進するためのモデルとなる"型"がないまま、チャレンジを続けている企業が多かったのです。

　また、正解が見えない新しいビジネスに挑戦する不安だけでなく、推進するための拠り所（進めるための"型"があることや、困ったときにアドバイスをしてもらえるメンターがいることなど）がない不安、成果が出せないまま予算を使い続けても大丈夫なのだろうかというコストに対する不安、本業を抱えながら少ない時間を割いて挑戦するしかないというリソース面の不安など、さまざまな不安を抱える場合も多くありました。そんな状況ながらも、果敢に挑戦している方々の思いや取り組まれている内容に感銘を受けました。

　そこで、これらのヒアリング結果を客観的にまとめ、DXなどでの新規チャレンジにおける「組織の状況」を分析すると、段階的に組織がステップアップしていくことがわかりました（図1-8）。いちばん下のStep 0の段階から徐々に自分たちの"型"ができていくイメージです。みなさんの推進状態がどのStepにあてはまるかを考えてみると、自身の組織状況を客観的にとらえることができるはずです。

　では、詳細を見てみましょう。

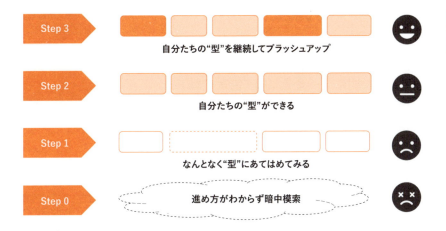

●図1-8 新規チャレンジにおける組織のステップアップ

- ▶【Step 0】実践しているものの進め方がわからず、暗中模索でカット＆トライでやっている段階
- ▶【Step 1】「こんなやり方があるらしい」という情報を得て、実践経験はないものの、入手した情報をもとになんとなく"型"にあてはめて、自分たちのやり方を整理し始める
- ▶【Step 2】自分たちなりの"型"にあてはめ、実践を続けることでそれぞれの推進チームに独自の"型"ができ始めているが、まだ組織全体で共通した"型"にはなっていない状況
- ▶【Step 3】それぞれの推進チームの"型"を共有し、相互利用することにより、推進チーム別の"型"が組織としての"型"に発展し、それぞれの実践を通じて、継続的にブラッシュアップしつつ、組織で定着している

　このように段階的なステップアップができれば、組織の"型"が形成されます。新規要素が多いDXチャレンジなどにおいても、それらの"型"により、抱える不安に対して前向きに活動できる組織に変

わっていくことができます。

1-3-2　新規ビジネス創造や業務改革で大切にすべき3つの「推進の軸」

　この章では、事業改革を推進するためにコアとなる「3つの軸」を定義しました。本章の最後に、今一度見直してみましょう（図1-9）。みなさんのプロジェクトをこれらの軸でとらえてみると整理しやすくなるはずです。この軸にそって、みなさん自身が基本にできる"型"を見つけてください。

| 軸1 | 目指すべきゴールの策定・共有によるビジョンの明確化 |

| 軸2 | 短いサイクルアプローチによる変化に適応した仮説検証 |

| 軸3 | 「自分ごと化」と「チームごと化」による推進の一体化 |

●図1-9　事業改革を推進するためにコアとなる「3つの軸」

　次章以降、この「3つの軸」をそれぞれの章ごとで具体化していきます。実際の推進活動でどのように進めていくのかを具体的につかんで、ぜひ実践に適応させてください。

第2章

目指すべきゴールの策定・共有によるビジョンの明確化 〜ベースの考え方〜

いますぐ知りたい第2章の読みどころは？

> **未来を描く この章のエッセンス**
>
> この章では、事業改革を推進するためにコアとなる「3つの軸」の1つ目である「**目指すべきゴールの策定・共有によるビジョンの明確化**」について、具体的な推進ポイントを考えます。
> 「理解と共感」「仮説定義」の仮説定義フェーズにおいて、目指すべきビジョンをどうやって引き出し、メンバーとどのように共有するのか、仮説を定義するにはどう進めればいいのか、大切にすべきポイントと現場で発生しがちな課題を考えます。

　第2章から第6章までは、第1章で説明した新規ビジネス創造や事業改革を推進するためにコアとなる「3つの軸」について、実際に現場で活用できるアクティビティ（推進活動）として具体的にまとめていきます。

　とはいえ、実践すべきすべてのアクティビティを伝えきれるわけではありません。組織やチームの文化、風土に応じて変わってくるものや、新しく追加しなければならないアクティビティもあります。また、目指すべきゴールによって変わるものもあります。

　本書では、できるだけ多くのみなさんに共通して活用できる基本的なフレームワークや、絶対に実践してほしいアクティビティを選択して説明します。

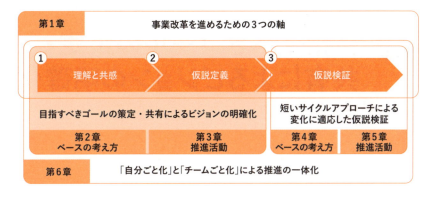

●図2-0 新規チャレンジを推進するための3つの流れと章の関連

　まず、事業改革を推進するためにコアとなる「3つの軸」について、各軸でのベースとなる考え方を説明します。そして、それらに関連する活動のなかで発生しがちな現象をいくつかまとめています。これは、ネガティブな側面についてみなさんに共感していただける内容となっています。そのあとに、活動のキーポイントと実施すべきアクティビティをカテゴリごとに紹介し、明日からの活動につながるようにポジティブなヒントを提供していきます。

　できる限り、みなさんが実際に推進している現場に照らし合わせつつ、「こんなシーンで使うんだな！」「このメンバーで実践してみると効果的！」「似たようなことをやっていた人を知っているので今度詳しく聞いてみよう！」というように、すぐに実践に反映させるイメージをふくらませながら読んでみてください。

　この章では、1つ目の軸である「目指すべきゴールの策定・共有によるビジョンの明確化」について、まずはベースとなる考え方と、活動のなかで発生しがちな現象を考えていきます。第3章で説明する現場アクティビティを身につける前に、まずは基本的な考え方をつかんでください。

2-1 目指すべきゴールの策定・共有によるビジョンの明確化

> **学ぶことが楽しくなる この節のエッセンス**
>
> 仮説定義フェーズにおいて、「理解と共感」については「Will」と「Must」というキーワードを使って、ユーザーが求めるものを理解することと、推進メンバーと共感するポイントと具体的な方法を考えます。「仮説定義」については、目指すべき姿を実現するためにいかに具体化していくのかをいくつかの調査・検討のアプローチに区切って推進ポイントを考えます。これらによって、仮説定義までのベースとなる考え方を理解できます。

2-1-1 「Will」と「Must」とは？

　新規ビジネス創造や業務改革では、最初から明確な答えがあるわけではないため、本当に成功するのだろうかという「戦略の不安」が生まれます。だからこそ、目指すべき姿がビジョンとして描かれ、推進メンバーと共有できているかが非常に重要になります。といっても、ビジョンを策定する機会は頻繁にあるわけではありません。しかも、ビジョンはどうしても抽象的な表現になる場合が多いため、「本当にこれでいいのか？ メンバーにきちんと伝わるのだろうか」と不安になることも多いでしょう。

　ここでは、なぜビジョンの策定や共有が重要なのかについて、1-2「推進を阻むアンチパターン」でもキーワードとして使った「Will」と「Must」という2つの言葉を使って、注意しておくべきポイントと一

緒に見ていきましょう。

　人間誰しも「欲求」を持ちます。「これがしたい！ あれもほしい！」などの欲求が想いになり、人を突き動かす原動力になります。そして、その欲求を実現するための活動につながります。「こうなりたい！」という想いが意志であり、これが「Will」の領域です。ちなみに、英語で使うときには、未来形の「Will」を思い出してしまうかもしれませんが、ここでは「意思」の意味での「Will」です。

　とはいえ、社会で生活するなかでは、「Will」以外にも活動の原動力となるものがあります。その1つが社会生活を守るうえでの規律です。狭義になってしまいますが、社会生活での一般的なルールととらえてください。たとえば、信号が赤であれば止まらなければならないというのは誰もが知っているルールです。自分自身の欲求に関係なく、赤信号であれば停止するという行動につながります。ルールを守らず、自分の欲求だけに縛られ、信号無視をしてしまうと、事故という大きなマイナスにつながってしまいます。

　あるいは、ほかの人や自分自身でルールを決めて、それに従い行動するという場合もあります。たとえばチームで仕事をする場合、リーダーから指示を受けメンバーはそれに従う、スポーツのルールを守る、毎日15分は英語の勉強をするなど、いろいろなパターンがあります。これらも、やらなければならない「Must」の領域です（図2-1）。

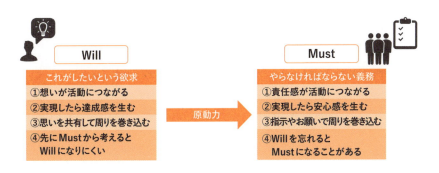

●図2-1　WillとMustの比較

細かいポイントはこのあと説明していきますが、「Will」はやりたいという要求であり、想いで周りを巻き込みながら、実現したときに達成感を生むものです。一方の「Must」はやらなければならない義務であり、指示やお願いで周りを巻き込みながら、実現したときに安心感を生むものです。そう考えると、日ごろの活動のなかで「Will」と「Must」の双方を感じることができます。

　しかし、「Will」と「Must」は別々に存在するわけではありません。「Must」には、集団または個人の「Will」が設定されているので、「Will」と「Must」は密接な関係になっているのも確かです。たとえば、信号を守るのは「安全な社会を実現する」という「Will」、チームで仕事をするときには「プロジェクトを成功させるぞ！」という「Will」、毎日繰り返す勉強には「大学に合格するぞ！」といった「Will」が設定されているはずです。そのため、本来はやらねばならないい「Must」なことであっても、その「Will」をきちんと意識していれば強い原動力になるはずです。本当は「Will」と「Must」は区別する必要はないのです。

　では、新規ビジネス創造や業務改革における「Will」と「Must」はどうでしょうか。これらの新規チャレンジのきっかけになるのも、やはり「Will」です。ユーザーや現場の人たちがこんなことをしたい、もしくはこうなりたいという「Will」をカタチにしていくのが最終ゴールです。やらなければならない「Must」では新規性が少ない場合が多いため、「Will」でとらえることが重要になります。また、プロジェクトを推進していくうえでも、きっかけになった「Will」をいかに共有・共感できているかが成果に大きく影響します。それをふまえたうえで、「Will」と「Must」について、もう少し具体的に考えてみましょう。

2-1-2 「Will」を忘れた「Must」になっていませんか？

　人間の心理状態として、「Must」につながっている「Will」をだんだん意識しなくなるという状況は発生しがちです。とくに繰り返しを続ける活動では、その傾向が出やすくなります。行動のみに集中してしまうので仕方がないのかもしれませんが、会社の業務などでは「リーダーに指示されたのでやらなければならない」という「Must」のみを意識した活動になってしまいがちです。

　たとえば、プロジェクトリーダーからの業務指示をついつい「リーダーからの指示なので、やらなければならない」こととして受け身にとらえてしまうことはありませんか？　そもそもリーダーは「プロジェクトを成功させるぞ！」という「Will」のためにメンバーに作業をお願いしているはずなのですが、作業が日々繰り返されている間に、もともと全員で共有していた「Will」を意識しなくなってしまいます。結果的に、意図せずメンバーのとらえ方が「Must」になってしまうのです。

　リーダーには、みんなで「Will」は共有しているので共感しているはずという思い込みがあります。しかし、メンバーの共感は時間とともに薄れている可能性もあります。そのため、リーダーとメンバーのとらえ方に差が出てしまい、リーダーは「なぜ自分たちで考えてやってくれないんだ！」「指示しないとやってくれないな」という焦りを感じてしまいます。一方、メンバーは「どんどん仕事を持ってこられても仕事が回らないよ！」という憤りを感じることで、対立構造が起こってしまうわけです（図2-2）。

　一度、日ごろの業務におけるみなさん自身の活動スタンスを確認してみてください。意識はしていないものの、ついつい「Will」を忘れた「Must」になっていませんか？

●図2-2 意図せず対立構造になることも

　新規ビジネス創造や業務改革での新規チャレンジにおいても、いつの間にか「Will」を忘れて「Must」になってしまうことが、最も推進を遅らせてしまう原因になっているといえます。せっかく「こんな姿になりたい！」と思って考えたはずの「Will」がどこかに飛んで行ってしまい、リーダーに指示されたからやらなければならないという「Must」だけで動いてしまうことによって、次のような弊害が発生します。

- ✓ 推進しているメンバーのモチベーションが下がってしまい、思ったように活動が進まない
- ✓ それぞれの活動に対して、目指すべき姿に向かっているかどうかの確認ではなく、計画どおり進んでいるかの確認になってしまい、目指すべき姿を創造するよりも、いかに遅れた作業を挽回するかに重点を置かれてしまう
- ✓ 全員が「Will」を共有していくことで、自分たちの活動をもっとよくしようという思いから推進メンバーの創意工夫につながり、新しいアイデアの創出や活動のブラッシュアップができるはず

なのに、「Must」ばかりを気にするあまり、指示に従うことを重視し、思考停止に陥ってしまう

一言でいうと、「Will」を忘れてしまうことで、活動自体が受け身になってしまうということです。こうなると、不安と前向きに向き合う「価値創造重視型」の活動だったはずの新しいチャレンジが、不安を克服することに躍起になる「計画達成重視型」の活動になってしまいます。日ごろから活動が「Must」だけになってしまっていないかの注意は必要です。

「Must」だけにならないように、メンバーや活動に関与してくれるステークホルダーに「Will」を正しく伝え、前向きな活動が続くように、共有している状況を継続していくことが重要になります。

2-1-3 頭のなかで思いついた「Will」を的確に伝達する

次に、「Will」の伝達方法について考えてみましょう。

新しいチャレンジをスタートするときは「最初にやってみよう！」と考える人が存在します。「Will」を思いつき、活動の原動力を生み出す人です。それは経営トップかもしれないし、社内のイノベーターかもしれません。あるいは他社の活動を知ったことがきっかけで、「当社でもやってみよう！」と考えた人かもしれません。そこに役職や役割は関係なく、「最初にやってみよう！」と思った誰もが「Will」を作り出すことができるのがうれしいですよね。「Will」は会社のトップ層が考えてくれるものという思い込みがあるかもしれませんが、そうではないことを大切にしましょう。

もちろん、複数人での検討のなかで「Will」を思いつく場合もあります。お互いの意見交換のなか、新しいアイデアが生まれる素敵な瞬間です。しかし、厄介なことが1つあります。1人の頭のなかに発生した「Will」は、「その人の頭のなか」で発生したものなので、100%

同じものをほかの人に伝えることができないということです。それは誰しもわかっていることなので、考えた人はほかの人に伝えるために熱く語るでしょうし、絵や文字にして伝達を試みるでしょう。ですが、伝えられた人の頭のなかに100％同じものを思い描くことは残念ながら不可能です（図2-3）。

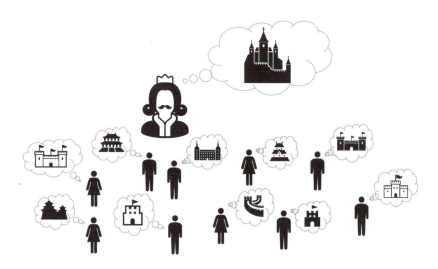

●図2-3　Willは100％同じ形では伝えられない

　一方で、100％同じものを思い描けないことを克服するための伝達活動によって、新しい効果を引き出すことができます。受け手側は、伝達されたことを一生懸命頭に思い描きます。そのときに「それってもっとこんな姿にもなるのでは？」「私ならこんな方法で実現できそう！」「○○さんに聞いてみると違った視点でヒントをくれるのでは？」など、受け手側の頭のなかで融合と相互作用が始まります。伝えた側が最初に考えた「Will」が、伝達によってどんどんふくらんでいくのです。1人の「Will」がほかの人に伝達し、それがきっかけとなって受け手側の「Will」と重なり、どんどん大きな「Will」になります。まさしく「衆知を集める」という現象が起こり始めます。楽しくて仕方ない瞬間です！

ここまでは楽しい瞬間なのですが、実際にこの「Will」をより具体化し、実際に動くカタチとして実現するには、相互作用で盛り上がった数人だけでは実現することが難しいことに気がつきます。特定の技術やノウハウを持った人に手伝ってもらうようなリソースの調達が必要かもしれませんし、費用を捻出するために資金を管理する部門に協力してもらう必要があるかもしれません。そもそも、活動自体を始めるために会社の経営層にOKをもらわなければならないかもしれません。「Will」を実現するためには、周りを巻き込む必要があるのです（図2-4）。

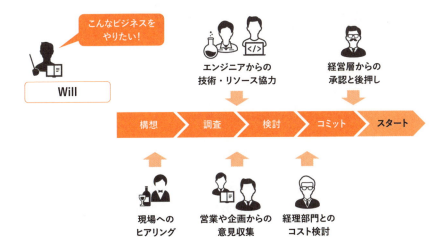

●図2-4　Will実現のために周りを巻き込む

　たくさんの人を巻き込んでいくためには、「Will」をなるべく同じ形で伝えていく必要があります。「Will」を考えた経緯や強い想い、そしてワクワクする未来の姿。これらをシンプルにまとめて、短く伝え、周りの人たちに賛同を得なければならないのです。みなさんもこれに苦労した経験があるのではないでしょうか？

　周りから賛同を得るための表現がうまい人もいます。文字や図を使いながら熱く語ることによって、協力者の心に響かせ、ワクワクを引

き出し、1つのチームにしてしまうすごい人に出会うこともあります。ただ、なかなか一筋縄にはいきません（図2-5）。

●図2-5 さまざまなアプローチでWillが伝達・共感される

　次節以降では、みなさんに少しでもこの状態に近づいていただくためのポイントとアクティビティを解説します。とはいえ、「これで大丈夫！」という必勝のメソッドがないのも現実です。「Will」を思いつくのも共感するのも「人」です。それぞれの感性や価値観によって違ってきますので、このあと説明するポイントやアクティビティを使いながら、みなさん自身がしっくりくる、効果のあるやり方を探してみてください。必ず見つかるはずです。

2-1-4 「Will」の伝達から考える新規チャレンジでの課題の原因

　では、新規チャレンジを推進している実際の現場に話を戻しましょう。

とにかく「Will」は伝わりにくいという前提で、1-2「推進を阻むアンチパターン」にあげた現象がなぜ発生してしまうのか、その原因を深堀りして考えてみましょう。

深堀りのための前提条件として、ここでは漠然とした自社のリスク対策のためとか、とりあえずなにかをやっておかなければいけないという「Willなき、思いつきのMust発案」という最悪のスタートはないこととします。あくまでも、誰かの頭のなかに画期的な「Will」が発生したところからスタートした場合を前提として、「Will」の伝達による課題の分析をしながら、発生しがちな現象と紐づけてみます。

この節では、ひとまず原因分析だけとし、具体的な対策は後半に説明します。

1.「Will」の効果的な伝達方法がわからない

この原因で発生しがちなアンチパターン（1-2「推進を阻むアンチパターン」から抽出）は、次のとおりです。

> ✓ 経営層からビジョンとして定量的な数値目標（3年後に〇〇億円達成など）は提示されているものの、どのような顧客が、どんなメリットを享受できるかなどの具体的な姿が想像できない
>
> ✓ 3か年～5か年の中期経営計画は設定されているものの、新規ビジネス創造に向けた具体的な活動の指針にはならない

【失敗する原因】：具体的にイメージできる姿が表現できていない

ビジョン（vision）の語源はラテン語のvideo（見る）で、そもそも「見ること」です。受け取った人が、将来あるべき姿を具体的に頭のなかで描けるかどうかが重要になります。「Will」もビジョンですので、同様に具体的にイメージできているかが重要です。

右脳が強い人は「Will」をイメージで、左脳が強い人は「Will」を文

字や数値で考えている場合が多いかもしれません。どちらも重要な要素ですし、この２つを組み合わせることで効果的な伝播ができます。しかし、伝える側がまとめることが苦手だったり、じっくり推敲する時間が取れなかったりなどで、受け手側に具体的なイメージがわかない抽象的な表現、もしくは達成目標など数字のみでの表現で伝えてしまうことがあります。その結果、効果的な「Will」の伝達ができないという現象が発生してしまいます。

さらに、「これで十分伝わっているはず！」と過信してしまうと、もっと悪い状況になってしまいます。一方的に伝えるのではなく、相手が「Will」に共感できたかどうか、どのような「Will」が頭に思い浮かんだのかを確認していく作業が重要です。この部分が抜けてしまっていると、伝えたはずなのに実は伝わっていない状況のまま、具体的な活動がスタートしてしまうことになります。

たとえば、

1. 革新的なソリューションを提供し続ける
2. 新しい時代に適応する柔軟な組織を作る

といった表現になっている「Will」は、一見かっこよさそうに見えますが、どちらも具体的なイメージを思い浮かべることができません。1.はどのような技術やアプローチで、なんのためのソリューションなのかがわかりませんし、2.も具体的にどのように変化を受け入れるのか、「柔軟な組織」とはなにかがあいまいなので、受け取る側にとって解釈が難しくなります。みなさんの近くにある「Will」をもう一度見直してみましょう（図2-6）。

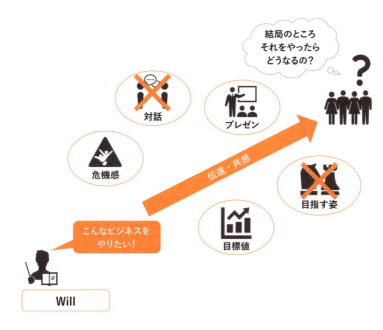

●図2-6 Willの具体的なイメージが共感できていない

2.「Will」を考えることこそが育成だ！という理由で、「Will」をあえてあいまいに伝える

この原因で発生しがちなアンチパターン（1-2「推進を阻むアンチパターン」から抽出）は、次のとおりです。

> ✓「とにかく新しいビジネスを考えてみて」「DXに取り組んで」といったおおまかなミッションばかりで、ビジョンすらない

【失敗する原因】：自分で考えさせることが育成と思っているが、そもそも方向性すら見えないレベルの状態

このアンチパターンは、「そもそもビジョンすらないので問題外でしょ！？」と思う方もいるかもしれませんが、実は現場の課題としてよくあるパターンです。上司から「新規事業を考えるというミッショ

ンをもらったんだけど、実際には『ビジョンは自分で考えてね』と言われただけですよ」と、相談されたこともあります（図2-7）。

　これは、上司の立場にある人が部下に伝える場合によくあるのですが、もしかしたら伝える上司自身も頭のなかで「Will」がイメージできていないのかもしれません。その場合は上司に再考してもらうしかないのですが、最も多いのは、自分自身のなかに明確な「Will」を持っているにもかかわらず、「Will」を考えさせることこそが育成だと、あえて丸投げ状態にしてしまう場合です。もちろん考える機会を提供するのはいいことです。しかし「Will」を考えるための指標となるビジョンもない状況であれば、育成のためとはいえ、なかなか完成するには難しい宿題です。部下に考えてほしいと思うのであれば、少なくとも、なんのために取り組みを実施するのかという目的や方向性を示すことが必要です。

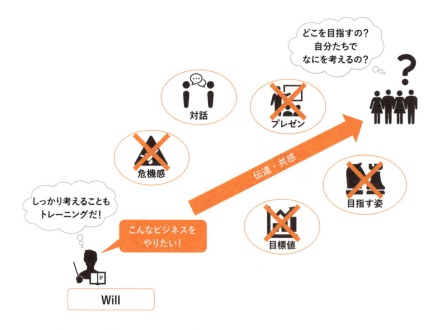

●図2-7　白紙に近い状況でWillを丸投げ

3. 受け手側が自分ごとに昇華できていない

この原因で発生しがちなアンチパターン（1-2「推進を阻むアンチパターン」から抽出）は、次のとおりです。

> ✓ 社員がビジョンをミッション（業務指示）として感じており、自分ごととして共有・昇華できていない

【失敗する原因】：受け取った側が共感する前に、やらなければならないこととして受け身に思ってしまう

これは「Will」の伝達における受け手側の問題です。素晴らしい「Will」を思いついた人が、非常にわかりやすい具体化された説明資料を準備し、メンバーやステークホルダーにきちんと伝えることができたとします。しかし、そもそも受け取った側が「Will」に共感するのではなく、上司から指示された「Must」としてとらえてしまった場合、「Will」をやらなければならないミッション（業務指示）としてとらえてしまう傾向にあります。

とくに、日ごろから「Will」を忘れた「Must」が多い風土になっている職場では発生頻度が上がります。受け取った側の全員がこのようになることはないでしょうが、「Must」として受け取った人数が多いと、推進チーム全体としても思ったような成果につながらない、もしくは必要以上に推進に時間がかかってしまうことになります（図2-8）。

そもそも「Will」自体は素晴らしいはずなのに、受け手側が「自分ごと」に変換できないと、推進していくメンバー自身のワクワク感が引き出せません。目指す姿を思い浮かべながらワクワク感を持って推進できることは、活動の支えになります。もし受け身になっていると感じた場合は、メンバーがワクワク感を感じているか、目指す姿を具体的にイメージできているかなどが確認できる「自分ごと」になるための対話の機会を作ってみてください。

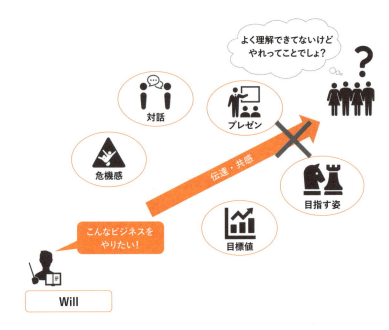

●図2-8 Willを共感する前に受け身になる

　以上の3つが、新規ビジネス創造や業務改革での初期段階「ビジョンの策定・共有」に発生するおもな課題の原因です。
　ビジョンに「Will」が必要であることは感じていただけたと思いますが、1つ目は伝達する側の課題、2つ目は共有の目的の勘違い、そして3つ目が伝達される側の課題として認識してください。

2-1-5　仮説を具体化するためのアプローチとステップ

　経営層などの最終判断をする人に「Will」を伝えて、「よし！ やってみろ！」と背中を押してもらえれば、改革のスタートです。「Will」を共有したあとは、いよいよ具体的な仮説を定義していきます。
　この段階では、目指すべき姿や創造・改革の成果として、どのような人が、どのようなメリットを感じて、なにが便利になるの？　といったビジョンだけでなく、それらがなぜ必要なのかという調査と分

析が必要です。新規ビジネスであれば、市場が受け入れてくれるのか、どのような技術を使って実現させるのか、市場への適切な提供方法はどうすればいいのかといった分析です。業務改革であれば、現場はどのような課題を抱えていて、どう適応させるのか、さらには改革をした結果、どのような成果につながり、その成果をどうやって判断するのかなど、いろいろと検討を実施すべき内容があります。

新規ビジネスと業務改革では若干の違いがありますが、ビジネス分析や仮説設定を進めていく流れについては、さまざまなアプローチ方法が存在します。ここではどのように進めていくのかというアプローチ、そして共通的に実施せねばならない調査・検討ステップをリストアップしてみます。

	① 理解と共感	② 仮説定義	③ 仮説検証
実施目的	変革の方向性を共有	実現内容を仮説として定義	仮説定義した内容を検証
完了判断基準	ステークホルダーやメンバーが変革方針に共感し、合意している	目指すべき姿が定義され、どのように実現するかが目標も含めて定義されている	定義された仮説の実証検証により、変革が確実に効果を出せる形で完成されている
おもな成果物	・自社における推進のねらい ・方針書 ・活動の背景となる基礎データ	・ビジョン／目標／戦略 ・現状分析結果 ・要求定義書 ・運用手順案	・検証実施計画 ・検証対象システム ・検証結果 ・フィードバック結果

●図1-1 新規チャレンジを推進するための3つの流れと活動（再掲）

まずは、第1章で説明した新規ビジネスや業務改革を推進していくための3つの流れをふりかえってみましょう（図1-1）。

① 【理解と共感】：なにをどのように創造・変革しようとしているのか、方向性を実現するメリットも含め理解・共感する
② 【仮説定義】：①で共感した内容から具体的な目標を立て、どのように実現するのか課題とニーズを洗い出し、具体的な仮説として定義する

③【仮説検証】：②で定義した仮説をもとに、実際に動作するシステムやサービスを作り上げ、仮説が正しいのか、変革につながるのかを検証しながら完成させていく

　この章でのターゲットは、①理解と共感と②仮説定義にあたる仮説定義フェーズです。
　改革の方向性を共有し、実現内容を仮説として定義するには、「Will」を考えたあと、目指すべきゴールが正しいのか、市場に合っているのか、ユーザーが求めていることにマッチしているのかなど、あらゆる視点で調査・分析を実施し、これなら大丈夫と思うことができる仮説を定義しておく必要があります。仮説が定義できれば、それらを実際に形にして検証を繰り返していきます。
　これらの仮説定義と仮説検証を進めていくにあたり、図2-9の①から⑤までの5つの調査・検討と、⑥プロトタイプ作成での仮説検証で定義された「新規事業／業務改革のためのアプローチステップ」を使って説明します。

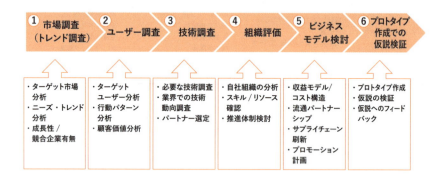

●図2-9 新規事業／業務改革のためのアプローチステップ

　では、それぞれのステップ内容を詳しく見ていきましょう。

全体的な面で1つだけ補足しておくと、①〜⑤までの調査・検討は順番どおりに進むとは限りません。検討内容によって順番が変わったり、行ったり来たりしながら具体化していく場合も多いので、その点は留意しておいてください。

①市場調査（トレンド調査）

　新規ビジネス創造であれば、作り出した製品またはサービスが、どのような市場に対して、どのように提供していけばいいのか、また業務改革であっても同様に、既存の製品やサービスも含めて、市場に価値を届けるためにはどのような改革を実施すれば効果があるのかを確認する必要があります。そのため、描いたビジョンに対して、まずはどのような市場をターゲットにするのかを調査します。また、その市場でのニーズやトレンドを分析するだけでなく、ターゲット市場の今後の成長性や競合企業の有無などを確認するアプローチも必要です（図2-10）。

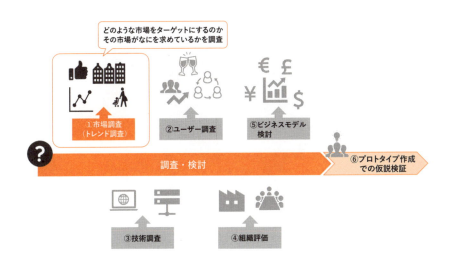

●図2-10　①市場調査（トレンド調査）

②ユーザー調査

　ターゲット市場での手ごたえを確証できれば、実際に製品やサービスを活用するユーザー理解が必要となります。

　ターゲット市場で想定されるユーザーの人物像を作り上げ（ペルソナ定義ともいいます。第3章の3-3-2「ユーザー視点で考える」で詳細に説明します）、行動パターン分析をし、顧客価値を想定します。そして、できる限り想定されたユーザーに近いターゲットを選び、インタビューやアンケート調査を実施します。そうすることで、ユーザーが期待していることをより具体的につかみ、数値的な目標も明確になり、成功への確証をさらに深めていきます（図2-11）。

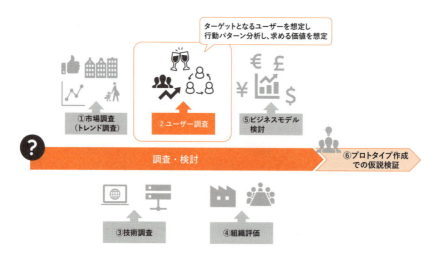

●図2-11　②ユーザー調査

③技術調査

　市場とユーザーの分析ができたら、次はそれらの製品やサービスを形にするために、必要な技術やツールについての調査・分析を実施します。今後コアになる技術を使って、どのように革新的なソリューションにつなげるのかを技術展に参加するなどして、他社調査や業界の動向

をフォロー・入手してください。

　また、自社がこれまで培ってきた技術に対しても、それらをどのように発展させるのか、また市場動向やユーザー調査結果の内容に対して今後適合できるのかについても、ユーザー視点でじっくりと検討してみてください。もし、自社の技術だけでは実現できない、あるいはある程度のレベルまでは達しているがもう少し発展させる必要がある場合などは、協力してくれるパートナー企業を探すというアプローチも必要です。他社に発注するというスタンスではなくて、描いたビジョンを一緒に形にしていくパートナーを探していくのがポイントです（図2-12）。

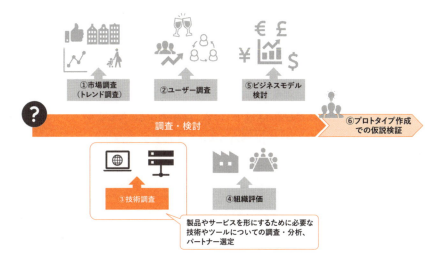

●図2-12　③技術調査

④組織評価

　描いたビジョンを実現するために作り上げていく製品やサービス、あるいはそのための業務改革について必要とされる技術とは別に、もう1つ重要な要素があります。それが、ビジョンを実現するための組織の能力やリソースです。

いくらAIが発達したとしても、ビジョンを実現するには推進するための「人」が必要となりますし、成功の鍵を握る重要な要素です。組織の現状分析を実施し、ビジョン実現のために必要なスキルとリソースがそろっているかを評価します。もし不足している場合には、どのように補填していくのかを特定する必要があります。

　また、スキルやリソースがそろっていたとしても、ほとんどの場合、それらの人々は違った部門に所属していることが多いでしょう。そのため、部門間をどのように連携させるのか、また場合によっては部門を超えたタスクフォース（解決のために結成される短期チーム）の立ち上げなども検討する必要があります。さらには、それらの推進メンバーに関与していくステークホルダーの明確化と、情報共有手段、会議体設定、役割や責任の範囲なども検討しなければなりません。

　「Will」を実現するためには、リソースが不足しないように確保しておく必要がありますが、人数が増えれば増えるほど「Will」の共有が難しくなります。推進体制と戦略を立案するには、考慮すべきポイントが多数ありますが、先ほども述べたように「人」は成功の鍵になる重要な要素ですので、慎重かつ具体的に検討を実施しましょう（図2-13）。

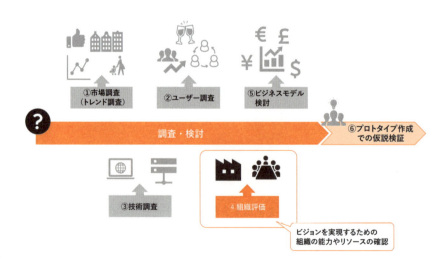

●図2-13　④組織評価

⑤ビジネスモデル検討

　この段階まで到達すると、どのような市場をターゲットに、どのような人に製品やサービスを届け、どのような体制で、どう形にしていくのかがかなり具体化されてきたことでしょう。設定したビジョンがより具体化されて、推進メンバーやステークホルダーもワクワク感が高まってきているころではないでしょうか。

　いよいよ、計画段階での最終仕上げです。新規ビジネス創造は、なんといってもビジネスですから、できれば中長期に収益を確保し続ける製品やサービスを目指したいものです。業務改革であれば、いっときの改善ではなく、継続的なコスト削減や作業工数の削減により、社員に余裕の時間が発生します。新たな創造につながるだけでなく、総合的に社員のモチベーションアップにつながる、また、顧客満足度の向上や、新規顧客の獲得、対話を通じた新しいソリューションやイノベーションにつながることを目指さなければなりません。

　そのためには、新しい製品やサービスをユーザーに届けるための適切なビジネスモデルを構築する必要があります。たとえばマネタイズによる収益モデルやコスト構造の検討、接客や流通におけるパートナーシップの形成、サプライチェーンの刷新など、これまでの既存の枠にとらわれず検討・具体化する必要があります。

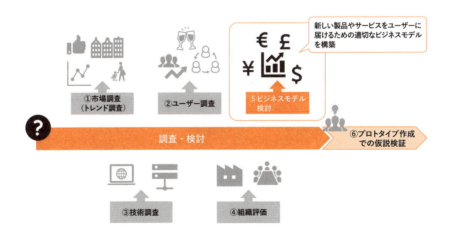

● 図2-14　⑤ビジネスモデル検討

せっかく素敵なビジョンを描き、具体的に検討できた新しい製品やサービス、そして画期的な業務改革であっても、ビジネスとして成立し、最も価値を感じてくださるユーザーに適切に届けることができなければ、せっかくのチャレンジも企業の成長につながりません。複数の視点で、最適なビジネスモデルの構築を目指しましょう（図2-14）。

⑥プロトタイプ作成での仮説検証

「これなら大丈夫！」と思える仮説が策定できたとはいえ、まだまだ仮説にすぎないですし、さまざまな不安があるでしょう。

その不安に前向きに付き合うには、具体化してきた仮説をできるだけ短いサイクルで検証していく必要があります。そのために実施するのが、実際に動くものをプロトタイプ（最終形態に近い試作）開発し、仮説に照らし合わせて価値を検証する仮説検証です。

この仮説検証について発生しがちな課題についてはのちほど説明しますが、いかに短いサイクルで価値を検証できるかどうかがポイントになります（図2-15）。

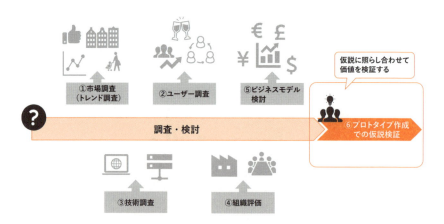

●図2-15 ⑥プロトタイプ作成での仮説検証

もしかするとみなさんのなかにも、仮説検証をどのように進めていけばいいのかがわからず、気になった内容のみ仮説を定義した状態で

プロトタイプ開発に突入してしまうことで、思ったように検証ができず、推進が進まなかったり、途中で断念してしまった方がいるかもしれません。

　まずは、ここでの内容を最初の"型"と考えて、ここまでの6つのステップで進めてみてください。実際に活動を続けながら、メンバー全員で継続的なブラッシュアップを実施すれば、みなさんに合った独自の"型"ができあっていくはずです！

 未来をつかむ！いま知っておきたい戦略③
〜各々の作業の関連性を容易に可視化できる「PRePモデル」〜

　作業に際する各調査は多岐にわたり奥が深いのですが、とくにユーザー調査で分析が不足しがちなのが業務分析です。ユーザーの抱える環境や課題については比較的つかみやすいのですが、たとえばDXで変革を目指す場合、現状をどのように変革してくのかを考えるうえで、ユーザーがどのように業務を進めているのかを詳細に分析することで効果が高まります。そこで有効な手段なのが「PReP（プレップ）モデル」です。これは、業務プロセスや現場オペレーションを分析し、各々の作業の関連性を容易に可視化できるモデルです。本書での大きな流れを実践して、さらなる業務分析を手がける場合には、PRePモデルに挑戦してみてください。詳細は、以下書籍をご覧ください。

『PReP MODEL - 現実世界をデザインする』（田中康 著、POTASSIUM PRESS）https://www.amazon.co.jp/dp/B09R2WRMG5

「PRePモデル」のサイト
　https://prep-model.com/

2-2 課題 仮説検討で発生しがちな現象

> **学ぶことが楽しくなる この節のエッセンス**
>
> 仮説を検討しているときに発生しがちな失敗例をピックアップし、推進においてどのような課題が発生するのかをみなさんと共有します。課題の共有によって、このあとの節で説明する具体的なポイントや活動方法についての理解につなげることが目的です。
> なぜそのような問題が発生するのか、どのように対策すればいいのかのポイントをつかむことができます。

　実際の現場で活用できる具体的なアクティビティを考える前に、ここではあえて、ビジョンの策定・共有の段階で発生しがちな現象をいくつかピックアップしてみます。

　仮説検討を推進するうえで発生しがちな課題を共有しておいたほうが、具体的な対策としてのアクティビティが理解しやすくなります。前節で説明した①から⑤までの5つの調査・検討のアプローチステップを思い出しながら読んでいただけると、さらに理解が深まるはずです。これまで新規ビジネスや業務改革を推進してきた方は「そうそう！」と感じながら、また、今後推進する方は「こんな落とし穴（リスク）があるんだな！」と想像しながら、みなさん自身の状況に照らし合わせてください。

　それぞれの現象には、より現場視点に踏み込んだ「現場で発生しがちな落とし穴と対策」を追記しており、後半のアクティビティとのつながりも説明しています。なぜそんな現象が発生するのか、どのような対策をすればいいのかもあわせて確認してください。

本節でまとめている現象と対策は以下の3つです。

●表2-1 現場で発生しがちな現象と対策

	現象	対策
①	具体的な検討をしているが、検討結果にばらつきが出る	「どんな人が、どのように助かるのか」を共通の軸にすえて共有する
②	ユーザー視点で考えているはずなのに、解決できるソリューションになっていない	ユーザーに直接、推進チームに参画してもらい、貴重な情報を獲得する
③	仮説は定義はできたが、目新しさがない	解決ができたときに、対象のユーザーがどんな気持ちになるのか、新しくどんな活動を始めるのかといった姿まで考える

では、各詳細を確認していきましょう。

2-2-1 【現象①】具体的な検討をしているが、検討結果にばらつきが出る

　ユーザー視点で考え、対象となる市場を分析し、ヒアリングなども繰り返しているのに、メンバーとの議論がなかなか収束できないだけでなく、議論のたびに出てくる結果にばらつきが発生してしまうことがあります。

　この場合は、根底にある目指すべき「Will」が十分に共有できていない状況が考えられます。メンバーの一人ひとりが「Will」を「自分ごと化」できておらず、結果的に「チームごと化」につながっていない状況です。「Will」を細かく伝えているのに目指すべき姿がずれてしまい、検討した結果にばらつきが発生してしまうという傾向になりがちです。そのため、検討ステップを行ったり来たりすることになってしまいます（図2-16）。

実際にはそれぞれの検討内容を練り直すことはよくあることです。そうしなければ、論理的なつながりもまとめにくいのは確かです。ただ、目指すべき「Will」の共感不足で検討結果がずれている場合は、何回やり直してもなかなか収束に向かわないという残念な状況にはまってしまい、想定した以上に検討の時間がかかってしまいます。

　これらは検討ステップのすべての段階に影響をおよぼす課題といえます。そのため、検討を開始する前に十分チェックしておくべき内容です。この課題に対する具体的な対策アクティビティは、このあとの第3章3-1「チームでビジョンを明確にするためのキーポイントとは？」で説明します。

●図2-16　Willのぶれにより各担当の視点がばらつく

現場で発生しがちな落とし穴と対策

　「Will」は推進担当とさまざまな検討をしながら具体化していくのですが、メンバーそれぞれに担当分野が違うので、どうしても専門分野に思考が引っ張られて意見交換がすれ違ってしまい、収

束しにくくなってしまう傾向があります。

　筆者自身がこれまでの経験でよく発生したわかりやすい例は「技術寄りで考えてしまうエンジニアの特性」です。日ごろから技術開発がメインになるので、「どのような技術で実現するのか」に興味を持つことがほとんどです。思考が技術寄りになってしまう傾向になるのも理解できます（筆者もソフトウェアエンジニアなのでその傾向はあります）が、結果的に、ソフトウェアエンジニアにしてもハードウェアエンジニアにしても、業務にたずさわるユーザーが、どのように改革をしたいかという目的を考えるよりも、現場のツール（業務システムや装置類など）を刷新することで解決することをつい重点的に考えてしまいます。これはエンジニアだけではなく、企画分野、営業分野、人事分野、経理分野なども同様に、それぞれが担当している分野の領域に思考が引っ張られるのです。

　仮説を定義する議論のなかでは、それらの複数分野の組み合わせが大きな原動力になることは確かです。しかし、目指すべき姿を共有していなければ、検討のベクトルが合わず、議論が発散する可能性があります。

　対策としては2つのポイントがあります。1つ目は、それぞれの立場が違うことを前向きにとらえ、メンバーそれぞれの得意領域が違うからこそ、チームでの相互作用を引き出すことです。2つ目は、次の2-2-2で詳細を説明しますが、「Will」を実現したときに、「どのような人が、どのように助かるのか」というユーザー目線でとらえるようにすることです。どのような技術を使うのか、関連する市場がどのような動きになっているのか、その変革によって収益がアップするのかなど、さまざまな分野の分析が必要ですが、シンプルに実際に活用するユーザーの立場で考えることで、メンバーの視線をそろえることができ、検討結果のばらつきは減っていきます（図2-17）。

●図2-17 お互いを理解することで相互作用につなげる

2-2-2 【現象②】ユーザー視点で考えているはずなのに、解決できるソリューションになっていない

　ターゲットユーザーが自分自身と似ていれば共感できることも多く、仮説が定義しやすいかもしれませんが、ほとんどはそうでないことが多いのではないでしょうか。

　たとえば、自社の工場の流れをもっとスムーズにし、生産のスループット（一定時間での処理量）を上げ、製造ミスを減らすためにデジタル化とデータを活用した改革を実施するといったDXによる業務改革を考えたとします（図2-18）。

　業務改革を推進するメンバーは、事業企画担当や新しくできたDX推進チームなど、実際の現場担当ではないメンバーが多いのではないでしょうか。しかし、工場のDX化のターゲットユーザーは製造現場の人たちです。改革を推進するメンバーはどうしても想定で考えてしまいがちです。結果的に、現場の人たちが作業を進めるときの課題や、

実際に課題が発生した場合の気持ちまで十分に考えられていない状況になってしまい、せっかくの業務改革が空回りしてしまうこともあります。

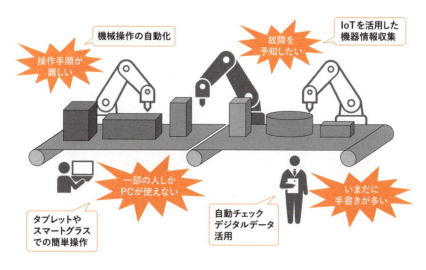

●図2-18 DXによる製造工程の業務改革

　また、ユーザー視点で検討ができていて、ユーザーが得られるメリットまで考えられている場合でも、これらを解決するための技術的な方法が分析しきれていないこともあります。解決された結果については十分納得できるものであっても、解決するための技術アプローチが具体化できていない場合や、自社では導入していない新しい技術の場合は、結果的に実現が難しいソリューションになってしまう可能性もあります。これらは図2-9の③技術調査と④組織評価で発生しがちな課題です。

　この課題に対する具体的な対策アクティビティは、第3章3-2「 キーポイント1 　想いを具体的に伝え、共有、共感してもらう」で説明します。

現場で発生しがちな落とし穴と対策

　これまでの内容を読んでいるみなさんから、「実際のユーザーが作業を進めるときの課題や、課題が発生した場合の気持ちを考えることは確かに重要だけど、そこがなかなかつかめないんですよね」という声が聞こえてきそうな気がします。

　現場の課題も人づてに聞いたり、推進メンバーが推測しただけの内容かもしれません。今回の業務改革の対象が社内の人であれば直接話を聞くこともできますが、場合によっては顧客現場であることもあり、そのような機会が少ないのが現状でしょう。そのような場合、結果的に推測で検討をする領域が多くなり、仮説を定義する根拠が薄くなる可能性があります。

　対策としては、もし対象となる部門が社内なのであれば、業務改革の対象現場の人にぜひ推進チームの一員として参加してもらい、検討の際の貴重な情報を獲得してください。推進チームの一員として参加が難しい場合は、現場の人、もしくは現場の業務を十分理解している人に少し時間を取っていただき（1日か2日程度）、対象の業務を時系列に分析してください。業務フローをパーツパーツで把握した状態で課題を推測するよりも、業務を開始したときから完了するまでを順にたどっていくことで、より詳細な業務フローとプロセスを把握できます。現場の人たちの課題や感情の変化などをつかむことで、より詳しく業務を理解できます（図2-19）。

　詳しくは、第3章3-3-3「As Is（現状）とTo Be（目指す姿）で比較する」の「カスタマージャーニーマップ」で説明します。

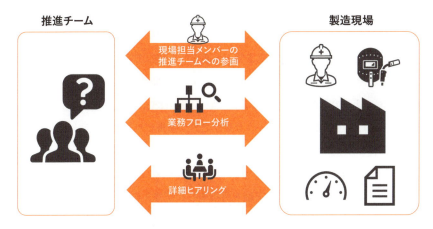

●図2-19 対象の業務を時系列に分析し理解する

2-2-3 【現象③】仮説が定義できたが、目新しさがない

　ユーザーが抱える課題も的確に特定でき、その課題に共感し、明確なソリューションにつながる仮説が定義できたとします。しかし、解決はできるものの、どうも仮説自体に目新しさがなく、いままでにないイノベーションにつながるようなものになっていないのでは？　と思うことはないでしょうか。

　新規ビジネス創造にせよ、業務改革にせよ、それをビジネスととらえると、実現した価値に対して「お金を払ってでも使ってみたい！」とユーザーに思ってもらえるかどうかは重要なポイントです。確かにいままでやっていた作業がとても楽になり、時間の余裕もでき、新しい発見も得ることができる仮説になっているかもしれません。でも、お金を払ってでも導入したいかといわれると、なにかもの足りないと思うレベルかもしれません。

　これは、仮説が課題解決の領域から抜け出せていないからかもしれません。課題を解決してもらえるというのは非常にうれしいことであり、ユーザーにとっては価値を感じられるソリューションになってい

るはずです。しかし、ユーザーは解決してもらえるだけでなく、予測できないような新しい活動や、似たような製品やサービスと比較したときにワクワクできるような発見を得られるほうが試してみたくなりますし、お金を払ってでも使いたくなるでしょう。課題解決だけではなく、ユーザーの創造力を引き出してくれる独創性や、新しい生活シーンを生み出すことができるような斬新さが、新規ビジネス創造や業務改革には求められます。想定した内容よりも一歩も二歩もステップアップした仮説が出せるようになれば、他社にはできない自社だけの画期的な製品やサービスの実現を目指すことができるのです（図2-20）。

これらは図2-9の「⑤ビジネスモデル検討」で発生しがちな課題です。この課題に対する具体的な対策アクティビティは、第3章3-3「 キーポイント2 実現できるものを考えるのではなく、ユーザーが使いたいと思うことをイメージする」で説明します。

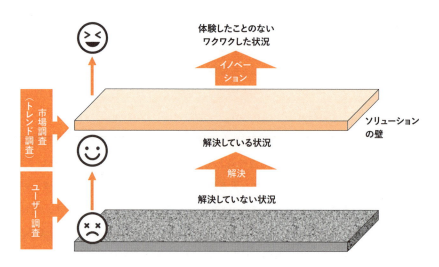

●図2-20 ソリューションからイノベーションへ

現場で発生しがちな落とし穴と対策

「課題解決の領域から抜け出せていない」というのは、決して悪いことではありません。日ごろの業務推進のほとんどが課題解決的なパターンになっていることもあり、本書を読んでいるみなさんは高いレベルの解決スキルを持っているはずです。それらを発揮しながら推進していけばいいのですが、そもそも目指すべきターゲットは課題解決ではなく、企業の優位性を高めることにあります。

もちろん、課題解決をした結果、現場にゆとりができ、余った時間を活用することで「新しいチャレンジができる」というゴール設定は、とくに社内の業務改革においてはよく聞くことです。ただ、そのゴールの場合、具体的に確保できた新しい時間をどのように活用すべきなのかまでは定義していないことがほとんどです。

対策としては、取り組み自体は課題解決中心になってもよいのですが、それらの課題が解決された状態を想像するだけではなく、解決ができたときに対象のユーザーがどんな気持ちになるのか、新しくどんな活動を始めるのかといった姿までを考えるようにしておいてください。

何度もそれらを考えていくうちに、「こんな新しい活動もできるといいね！」という展開パターンを想像できるようになります。そこから逆に対応策を考えてみる。そうすれば、想定した内容よりも一歩も二歩もステップアップしたイノベーティブな仮説が出せるようになるはずです。

第3章

目指すべきゴールの策定・共有によるビジョンの明確化 〜推進活動〜

いますぐ知りたい第3章の読みどころは？

> **未来を描く この章のエッセンス**
>
> この章では、第2章に続き、「**目指すべきゴールの策定・共有によるビジョンの明確化**」について、具体的な推進活動内容を考えます。「理解と共感」「仮説定義」の仮説定義フェーズにおいて、目指すべきビジョンをどうやって引き出し、メンバーとどのように共有するのか、仮説を定義するにはどう進めればいいのか、どんなフレームワークをどう活用するのかといった、具体的な推進活動のやり方を理解することができます。

　第2章では、「目指すべきゴールの策定・共有によるビジョンの明確化」を実現するために重要となる「Will」と「Must」の重要性や違いを伝え、共有・共感するためのポイントと、仮説を具体化するためのアプローチについて説明しました。あわせて、現場で発生しがちな課題を抽出することで、推進するためのポイントを理解していただけたことでしょう。

　第3章は、どのように活動していくのかについてのキーポイントと、キーポイントに紐づいたアクティビティを使いながら、具体的な推進方法を説明していきます（図3-0）。

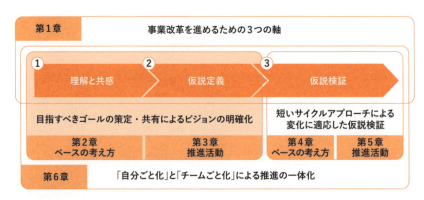

●図3-0　新規チャレンジを推進するための3つの流れと章の関連

チームでビジョンを明確にするためのキーポイントとは?

> **学ぶことが楽しくなる この節のエッセンス**
>
> 「Will」を推進チームで共有・共感し、チームのビジョンとして明確にするためのキーポイントを2つ定義します。それぞれ具体的な推進活動は3-2、3-3で考えていきます。

　ここからは、一緒に活動を続けていくメンバーに「Will」を効果的に伝え、共有し、共感を得るためのポイントとアクティビティについて説明します。「目指すべきゴールの策定・共有によるビジョンの明確化」を実現するには、表3-1の2つのキーポイントが重要となります。

　キーポイント1は、もともとは1人の思いつきから始まった「Will」を単に伝えるだけではなく、なぜそう思ったのか、どのような効果を期待しているのかを推進メンバーに伝えることで効果的に共有し、一人ひとりが共感するまで落とし込んでいくという、仮説定義を開始する最初の段階です。

　次に、それらの「Will」を具体的に形にするために、ターゲットとなるユーザー視点で詳細化しながら検討するのがキーポイント2となります。

●表3-1 明確にするべき2つのキーポイント

No.	キーポイント	詳細
1	想いを具体的に伝え共有、共感してもらう	なにを実現したいのか、なぜそう思ったのか、どんな姿を実現しようとしているのかを共有・共感
2	実現できるものを考えるのではなく、ユーザーが使いたいと思うことをイメージする	新規チャレンジによって、対象ユーザーがどうなるのか、その結果、どのような姿が実現できるのかを複数の視点で分析・検討し、仮説定義としてアウトプットする

　それぞれのキーポイントには、具体的な活動の方法として、いくつかのアクティビティが紐づきます（図3-1）。これらのアクティビティもあわせて説明していきます。

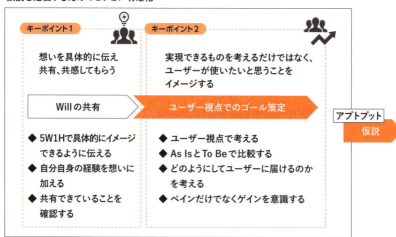

●図3-1 ゴールの策定と共有するための2つのキーポイント

3-2 キーポイント1 想いを具体的に伝え、共有、共感してもらう

> **学ぶことが楽しくなる この節のエッセンス**
>
> 明確にするべき2つのキーポイントの1つ目である「**想いを具体的に伝え、共有、共感してもらう**」では、思いついたビジョンをメンバーやステークホルダーに理解・共有・共感してもらうために、3つのアクティビティを使います。
> この節では、これら3つのアクティビティについて、そのポイントと具体的な活動方法を理解することで、ビジョンの共有と共感を実現するノウハウを理解することができます。

まずは、キーポイント1でのアクティビティを紹介します。

推進メンバーやステークホルダーに想いを伝え、共有・共感してもらうには、以下の3つのアクティビティが必要になります。

① 5W1Hで具体的にイメージできるように伝える
② 自分自身の経験を想いに加える
③ 共有できていることを確認する

●表3-2 キーポイント1でのアクティビティ

キーポイント1	詳細
想いを具体的に伝え共有、共感してもらう	なにを実現したいのか、なぜそう思ったのか、どんな姿を実現しようとしているのかを共有・共感

	内容	詳細
アクティビティ①	5W1Hで具体的にイメージできるように伝える	シンプルに5W1Hのフレームを活用し、想いを具体的にイメージできるように伝える
アクティビティ②	自分自身の経験を想いに加える	自分自身の経験と感性に基づいてイメージしながら具体的に伝える
アクティビティ③	共有できていることを確認する	受け手側に共有できているかを、共有レベルを意識しながら確認する

　では、それぞれのアクティビティについて、順に確認していきましょう。

3-2-1　5W1Hで具体的にイメージできるように伝える

　誰でも知っている5W1Hですが、ビジネスを考えるときの思考のポイントとしても重要な要素です。常日頃から意識しておくことで、自分自身の考えている「Will」を相手に伝えるときの整理手段になります。

　どんな人が（Who）、どんなシチュエーションで（Where）、どんなときに（When）、どんなことを（What）、どうすることで（How）、楽しい！便利！すごい！と感じるのか、それはどうしてなのか（Why）、といったように内容をまとめるだけでも、相手の頭のなかでとらえやすい表現にできているかの確認になりますし、自分にとっても抜け漏れがないかの確認になります。5W1Hはシンプルですが、実はよくできているフレームなのです（図3-2）。

- Who　　：どんな人をワクワクさせたい?
- Where　：どんなシーン／シチュエーションで?
- When　 ：どんなとき? なにしているとき?
- What　 ：体験してもらうのはどんなもの?
- How　　：どうやって使ってもらう?
- Why　　：どうしてその人はワクワクできるの?

●図3-2　Willを5W1Hで表現する

　たとえば、製造現場での作業効率化によるDX改革を考えた場合のWillを5W1Hで分解してみると、次のようになります。

- Who　　製造現場の作業員（リーダー含め）が対象となるが、活用しているITシステムも関連するため、IT部門のメンバーも対象とする
- Where　製造現場がメインになるが、企画・技術・品質保証なども関係する
- When　 すべてを一気に改革はできないため、新規ラインから順に段階的に進める
- What　 センサーなどのデバイスを活用し、機器状況をデータ化して、故障を予知したい
- How　　センサー対応だけではなく、生産プロセス自体も改善したい
- Why　　設備の故障による作業停止ボトルネックを解消したい

　まだまだ粗い表現ですが、まずはこれらの簡単な内容を言語化してメンバーとの議論につなげていくことで、確認視点の抜け漏れを防ぎながら、より具体的な議論ができます。

　5W1Hでの確認は、一つひとつ考える範囲を明確にしたうえで相手に伝えることになるので、お互いの頭のなかで考える範囲が共通化で

き、相互作用を引き出す議論につなげることもできます。たとえば、「それって、こんな人にも効果的なのでは？（Who）」「ここを変えるだけで、同じような内容がこんなシチュエーションでも活用できるのでは？（Where）」「便利になるだけでなく、実際のデータを分析することで新しい視点でとらえることができますよ！（HowとWhy）」など、5W1Hそれぞれの視点で絞り込んだ確認ができ、受け手側もより深く考えてくれるといった効果があります。

　2人以上の議論での相互作用によって、1人の経験や感性だけで考えるよりも新しい発見があるでしょうし、「Will」自体がブラッシュアップしながらより具体的な内容になっていきます。また、相互作用による活発な議論が繰り返されることで、多くのアイデアが出てきます。さらに、たくさんのシチュエーションでのパターンが生み出されるだけではなく、ターゲットユーザーがどんどん広がってくることも考えらます。

　結果的に、アイデアが出すぎて論点が発散してしまうことがあるかもしれませんが、それは悪いことではありません。たくさんのアイデアを出したうえで、今回の「Will」にとって最も重要なポイントはどこなのか、それはなぜなのかを明確にしたうえで優先順位を決めていけば、より論理的で的確な「Will」に絞り込むことができるからです。このときの「なぜなのか」という部分で定量的な根拠を提示するときもありますが、自分自身が持っている強い想いも積極的に示してください。これがあなたの「Will」を伝えるための効果的な伝達手段となります。

　では、話を戻しましょう。
　5W1Hを使って整理し、まとめ、相手に伝えたときと、そうでないときの違いはなんでしょうか。ユーザーが実際に使っているシーンを頭のなかに映像として思い浮かべることができるかどうかが違ってきませんか？ 5W1Hで表現することで、「Will」を構成している背景が明確化されるために、ユーザーシーンがより鮮明に浮きあがってきま

す。伝える側も受ける側も、ユーザーシーンがイメージできているので、お互いの議論も活性化されます。

「Will」を伝達する際に最も重要なポイントは、ユーザーが「価値があるな！」と感じ取ってくれる<u>シーンが想像できるかどうか</u>です。文字だけでとらえ、イメージができなければ受け手に伝わりにくくなりますし、共感も薄くなってしまいます。イメージとしてとらえやすくするためにも、5W1Hは効果を発揮してくれるのです（図3-3）。

シーンを情報としてとらえる　　シーンをイメージとしてとらえる

●図3-3　5W1Hによりシーンがイメージ化できる

　伝えられたことを頭のなかでどのようにイメージするかは人によって異なります。いわゆる右脳が強い人、左脳が強い人といった漠然とした分類でその違いを表現することもありますが、やはり一人ひとり違いはあります。

　たとえば学校や職場などで、来客から「〇〇さんいらっしゃいますか？」と尋ねられたとき、ファーストインプレッションで頭のなかに「〇〇さん」が漢字で思い浮かぶ人と、顔で思い浮かぶ人とにわかれます。恐らく前者が文字でとらえる左脳タイプで、後者がイメージでとらえる右脳タイプだと思われます。みなさんはどちらでしょうか？（図3-4）

●図3-4 人を探すときはイメージ？文字？

　「Will」をプレゼン資料で伝える場合、人によってとらえ方に大きな違いがあることは確かです。そのことをわかっていても、ついつい自分の尺度でとらえてしまい、「こんなに細かく説明しているのになぜ伝わらないの？」ともどかしさを感じることもあるでしょう。そんなときは、先ほどの漢字派、顔派を思い出してください。みんなとらえ方は違うのです。そのなかで、できる限り具体的なイメージでとらえてもらえるように、5W1Hなどを活用して工夫することに加えて、「伝わっている？」と受け手側に直接確認しながら進めることが重要なポイントなのです。

3-2-2　自分自身の経験や感性につなげて伝える

　「Will」伝達での5W1Hの活用方法について、部分的にもう少し深堀りしてみましょう。注目してほしいのは、「それはどうしてなのか？」というWhyの要素です。
　自分自身が考えた「Will」に対して、どれだけ強い想いがあるのかを伝えるのは、なかなか難しいことでもあります。自分のなかでは非

常によい「Will」だと思っていたとしても、それは自分の経験と感性に基づいたものであるため、相手に共有できたとしても、「共感」してもらえるかどうかはわかりません。そんなときに、「Why」をどう伝えるかが重要になります。

　まずは、自身がどう思っているのかを語るところから始めてください。相手にとっては、その人自身のストレートな感情を語ってくれることになるので、想いは伝わりやすくなります。自分の経験と感性に基づいているのであれば、それをそのまま利用すればいいのです。そのうえで、ターゲットとして考えている実際の現場担当者にも同じように「Why」を語ってもらうのです。そうすることで、よりリアルで詳しい課題や、こうなってほしいという想いを語ってくれるでしょう。さらに、現場で活躍しているITの担当者に「Why」を語ってもらうことで、また違った視点で思いを知ることができるはずです。

　図2-9「新規事業／業務改革のためのアプローチステップ」と照らし合わせてみると、どんなものを実現したいかという「What」を目指して、どんなシーンで活用されるのかという「Where」と、いつ活用するのかという「When」が「①市場調査」に、誰が使うのかという

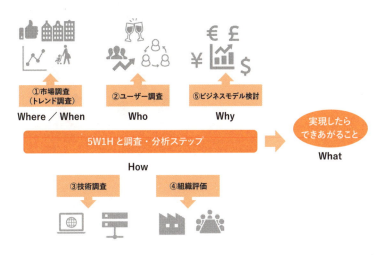

●図3-5 新規事業／業務改革のためのアプローチステップと5W1H

「Who」が「②ユーザー調査」、どのように実現するのかという「How」が「③技術調査」や「④組織評価」となります。そして、ユーザーが価値を感じ、その製品やサービスに対して対価を支払ってくれるのかという「Why」が「⑤ビジネスモデル検討」になります（図3-5）。

　そう考えると「Why」は、ビジネス判断をするための最終結論になっている重要な要素であるといえます。

　「What」「Who」「Where」を意識して具体化していく必要はありますが、「Who」や「Where」に引っ張られすぎると、どんどん議論が白熱してしまい、なんのため？ という「Why」が薄くなってしまうことがあります。あえてネガティブな表現をすると「他人ごととしてとらえてしまい、心が入らない」状況になる可能性があるということです。あまり考えすぎずに、まずは自分の経験に基づいて、自分がそのユーザーの立場ならこう思うというベースで考えてみれば大丈夫です（図3-6）。

●図3-6　自分の経験でイメージする

　ユーザーがどんなシーンで活用して、どう便利になって、どのようなうれしさを感じてくれるのかという分析のなかで重要なのは、「なぜそう感じたのか」です。これらは感性の領域なので伝わりにくいか

もしれません。ですが、自分の感性に忠実に表現したほうが、推進メンバーに「Will」を共有した際に、「なぜそう感じたのか」を中心にディスカッションしたり、メンバーそれぞれの違った感性で議論することができます。そのため、視点が広がりやすくなり、根拠を明確にしながら深堀りできます。

3-2-3　共有できていることを確認する

ここまで、「Will」を具体的に伝えて、共有し、共感してもらうことについてのアクティビティを説明しました。しかし、伝え方を工夫してどんなに熱く語ったとしても、受け手側に伝わっていなければ本末転倒です。

「受け手側に伝わった」という状態には、いくつかの段階があります。これまで、シンプルに「伝えて、共有し、共感し」と説明してきましたが、各々で受け手側に伝わった状態は異なります。

1. 理解する……受け手側は内容を聴いたが、理解度に差がある状態
2. 共有する……伝えた側がなぜそう考えたのかも含めて、内容と背景を理解している状態
3. 共感する……受け手が自分自身だとどう感じるのかを考え、考えた行動を起こすことができる状態

伝える側は受け手側がどの状態になっているかを気にしながら、確認をしてください。この3つの状態で自分自身の経験や考え方に置き換え、昇華できているといえるのは、2の「共有」ではなく、3の「共感」状態になっている場合です（図3-7）。

理解する　　　　共有する　　　　共感する

●図3-7 伝わることの3つの状態

　また、伝える側と受け手側が1対1の状況だけでなく、チーム全体に伝え、それらをつなぎ合わせて<u>チームとして理解し、共有し、共感できているか</u>を確認する必要があります。ほとんどのメンバーが共感できている状況になって、ようやくチームとして昇華できている状態だということができます。チーム全体が「Will」を共感できていないと、「Must」だけで活動する受け身なチームになる危険性があります。一人ひとりだけでなく、チームとしての共感度合いを重点的に確認していくことが重要です。

　では、この理解度をどのように確認していけばいいのでしょうか。

　確認のベースになるのは、アウトプットしてもらうことです。単純そうに思えますが、アウトプットにもいろいろあります。たとえば、説明会を実施して、参加者がうなずいてくれることもアウトプットの1つですし、自分であればこう考えるということを発言してもらうこともアウトプットです。ただ、この時点ではまだ共有できたレベルであり、頭で整理した段階にすぎないともいえます。受け手側が自分自身の経験や感性に照らし合わせて「自分ごと」として感じるには、もう一工夫が必要になります。それが「言語化」によるアウトプットです。イラスト化でもかまいません。

　まずは「Will」の説明会や検討会など、できる限り対話の時間を作ること、そしてその際に付箋などの言語化できるツールを準備しておいてください。コロナ禍の影響でリモートでのオンラインワークも増えているので、その場合はMiro（https://miro.com/）などに代表されるオンラインコミュニケーションツールを活用できれば適応可能で

す。途中途中のきりがよいタイミングで対話の時間を挟んで、その内容を文字やイラストで書いてもらってください。最初はどのように感じたのかを話し合ってもらうことから始めてもかまいません。メンバーの共感を目指して、徐々にブラッシュアップしながら、発言に加えて言語化を引き出せるように、様子を見ながら工夫していくことが大切です。

本書でもこのあといくつかを紹介しますが、そのほかにもいろいろなフレームワークを活用することも効果的です。フレームワークを用いる場合の注意点としては、誰か1人がフレームワークでたたき台を作成してからディスカッションするよりも、チームメンバーでディスカッションしながら「言語化」を行なうことです。その結果、「自分ごと化」と「チームごと化」が進んでいくはずです（図3-8）。

- ▶ それぞれの想いを発言
- ▶ 付箋などで意見を言語化／イラスト化
- ▶ ふりかえりによる意見の言語化＋分類
- ▶ 一般的なフレームワークでの言語化＋整理
- ▶ ビジョンステートメント

●図3-8 アウトプットをベースに「チームごと化」を効果的に加速

「そんな時間はなかなか確保できない」という声が聞こえてきそうですが、時間を確保していく工夫をしながら、並行して長い時間をかけずに短く議論できるようになることを目指してください。画期的なディスカッションができなくても、最初は時間を設定して、制限時間を守ることを優先します。そして、しだいに短時間でよい結論につながるように、ディスカッションの状況を確認しながら進めていけば、段階的に成長できます。無理に長い時間を確保せず、メンバーが集ま

れる時間を見つけ、短時間でもよいので、ディスカッションによって全員で共感できるチームを目指し、繰り返してチャレンジしてください。

事例
株式会社フルノシステムズ
〜定例の議論を繰り返し、チーム内の共感を実現〜

　ここでは、著者自身が支援させていただいた株式会社フルノシステムズでの、DXを活用した新規ビジネス検討での取り組みを具体的な事例として取りあげます。

　まだリリース前の検討段階であり、具体的な内容を伝えることはできませんが、第2章で説明したアクティビティを一緒に実施した際の進め方や、そのなかで発生した課題などを紹介します。

　フルノシステムズは無線機器に強いメーカーで、物流ICT事業、無線LAN事業、IoT事業などを手がけています。新規事業を検討するための分科会を立ち上げ、部門の壁を越えて営業、企画、技術などのメンバーが集まりました。それぞれがメイン業務を持ちながら、10人程度の分科会として新規事業の検討を実施しています。リーダーも含め、新規事業検討への経験が少ないため、支援させていただくことになりました。

　フルノシステムズの分科会支援でも、「共有できていることを確認する」ことは大切にしていました。分科会メンバーは、週に1回金曜日の午前中に1〜2時間全員で集まり、それまでに各自が検討していた内容を発表しながら議論し、ブラッシュアップすることを継続していました。しかし実際にはこのペースだけでは、目指すべき姿や、その姿から導き出した各検討内容を十分に共感できるには時間不足でした。

　これらを解消するため、状況を見ながら全員を同じ場所に集め

て、模造紙や付箋を使いながら、いくつかのフレームワークをその場で全員で考え、ディスカッションしていくというワークショップ形式での検討会を開催しました。1か月ほどは週1回の分科会検討を実施し、メンバーがもう少し腰をすえてじっくり検討したほうがよいのでは？ という時期を見計らって、丸1日、時間と場所を確保してもらい、ワークショップを実施しました。

すでに、本書に書かれているようなDXによる新規ビジネス創造に必要なアクティビティについては紹介してある状況でしたので、実際にそれらのアクティビティをワークショップ形式での検討方法にカスマイズし、実施してもらいました。

広い会議室の壁に大きな模造紙を貼り付け、さらにその上に小さな付箋で検討内容を貼り付けて、それぞれのアクティビティを実施していく形式です。テーマを提示し、各自が考えた内容を言語化して壁に貼り付けたあと、それぞれが書いた内容を発表します。その結果を全員で議論し、ブラッシュアップを続け、みなさんが合意した内容を改めて代表者に発表してもらうという流れで進めます。

それまで、同じような内容を毎週の分科会活動のなかで議論していたものの、全員が集まり、言語化・イラスト化することでメンバー全員が発言でき、膝を突き合わせながらそれぞれの意見を聴き、議論できることは、メンバーにとっても大きな収穫となりました。また、気づきも多かったという感想をいただきました。

まさしく、「伝える」→「共有する」という活動を実践することで、メンバー全員で「共感する」ことができた結果です。

ワークショップの進行役になるには、多少の慣れと、進めるためのフレームワークが必要ですが、最初は実践経験がある人に進行をお願いし、何度か実施することで参加者自身が進行役になることができます。
　実際、フルノシステムズでの私たちのワークショップ開催は1回でしたが、もう少し議論が必要なアクティビティについては、そのあと分科会メンバーだけで実施したそうです。

　最後に、言語化するための「ビジョンステートメント」というテンプレートを紹介しておきます（図3-9）。これは、将来どうなりたいのかを簡潔に文章化したものです。

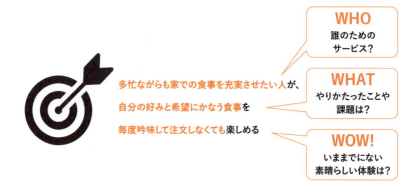

●図3-9 ビジョンステートメント

　新規ビジネス創造や業務改革の検討を繰り返し、具体的な仮説が定義できたあとの最後の締めくくりとして、ディスカッション型でチームメンバーに書き出してもらってください。
　非常にシンプルですが、奥が深いテンプレートです。記載するのは、誰のためのサービスか？という「WHO」、やりたかったことや課題は？という「WHAT」、その結果実現するいままでにない素晴らしい体験は？という「WOW!」の3つです。

仮説が定義できたあとでビジョンステートメントを書いてもらう理由は、仮説を検討する段階で、説明した複数のステップも1つずつ詳細に検討できているでしょうし、推進チームで何度もディスカッションを実施し、チームメンバーの意見も共有できているはずだからです。そのうえで、製品やサービスがユーザーに提供すべき価値を、はじめて見る人にも体験として感じ、理解できるようなシンプルな文章にまとめます。

短い文章で、シンプルかつ全体を網羅した内容としてまとめるのは難しいでしょうが、繰り返し調査・分析・検討を続けてきたからこそできるはずです。チームメンバー全員が納得できる表現にまとまれば、ステークホルダーも含めたぶれないビジョンになり、活動における羅針盤になるはずです。

もし、複数の可能性を検討している場合であれば、無理に1つにまとめる必要はありません。ステートメントを3つ程度出してみて、短期的に実現すべきユーザー体験、それが達成できたら次に実現できるユーザー体験、長期的な目標といったように、<u>段階的なロードマップとして整理</u>してみるのも効果的です。

以上が「Will」をきっかけに、「自分ごと化」「チームごと化」につなげ、共感できているチームを目指すためのアクティビティです。

伝える側も受け取る側も、それぞれ注意しなければならないポイントや、実施すべきアクティビティもいろいろありますが、推進活動全般に影響する重要な内容ですので、仮説定義段階でぜひ実践してください。

3-3 キーポイント2 実現できるものを考えるのではなく、ユーザーが使いたいと思うことをイメージする

> **学ぶことが楽しくなる この節のエッセンス**
>
> 明確にするべき2つのキーポイントの2つ目である「**実現できるものを考えるのではなく、ユーザーが使いたいと思うことをイメージする**」では、思いついたビジョンが本当にユーザーにとって価値のあるものかを確認し、価値がある形にしてユーザーに届けるために、3つのアクティビティを使います。
> この節では、これらアクティビティの基本的な考え方や、いくつかのフレームワークを知ってもらうことで、推進するためのノウハウを理解することができます。

ここからは、新規ビジネス創造や業務改革における2つ目のキーポイントとして、実際に仮説を定義する際のアクティビティを具体的に見ていきましょう。

本章の冒頭の図「新規チャレンジを推進するための3つの流れ」の「②仮説定義」にあたります。

実現できるものを考えるのではなく、ユーザーが使いたいと思うことをイメージするには、4つのアクティビティが必要です。

① ユーザー視点で考える
② As Is（現状）と To Be（目指す姿）で比較する
③ どのようにしてユーザーに届けるのかを考える
④ ペインだけでなくゲインを意識する

●表3-3 キーポイント2でのアクティビティ

キーポイント2	詳細
実現できるものを考えるのではなく、ユーザーが使いたいと思うことをイメージする	新規チャレンジによって、対象ユーザーがどうなるのか、その結果、どのような姿が実現できるのかを複数の視点で分析・検討し、仮説定義としてアウトプットする

	内容	詳細
アクティビティ①	ユーザー視点で考える	対象となるユーザーの視点でとらえる基本
アクティビティ②	As Is（現状）とTo Be（目指す姿）で比較する	現状の姿、目指したい姿の両方の視点で分析する
アクティビティ③	どのようにしてユーザーに届けるのかを考える	どのような効果を引き出すのかを分析しながら、実現方法を具体化する
アクティビティ④	ペインだけでなくゲインを意識する	課題分析ではなく、新しい成果を引き出せるように、さらに具体的に分析する

　まずは、「ユーザーが使いたいと思うことをイメージする」ためのベースとなるポイントを説明したうえで、それぞれのアクティビティについて具体的に考えてみます。

　仮説を定義することは非常に奥が深く、活用するフレームワークも多くあります。本節ではフレームワークを使って分析・検討する際に、1人や数人で考えるのでなく、チーム全体で考え、共感しながら検討を実施できるアクティビティを中心に説明します（図3-10）。
　数人だと具体的に仮説を定義できるのに、人数の多いチームになる

となかなか具体化できないものです。その状況のまま推進を続けていくと、いつまでたっても仮説定義が得意な人たちへの個人依存になってしまいます。そうなると、スキル・ノウハウの伝達ができず、メンバーの成長につながらないというリスクがあります。

そのような状況を打破するために、とくにチーム活動で重要となるアクティビティを中心に紹介します。

●図3-10 メンバー同士の相互作用

3-3-1　ユーザーが使いたいと思うことをイメージする

「実現できるもの」を考えるのではなく、「ユーザーが使いたいと思うこと」を考えて具体化し、仮説として定義することは、複数の意味が含まれている、ちょっと深い意味のあるキーポイントです。

「ユーザーが使いたいと思うことをイメージする」ためには、次の2つを注意しながら進めてください。

① どうやって実現するかを先に考えすぎない
② できる「もの」ではなく、できる「こと」を考える

①どうやって実現するかを先に考えすぎない

1つ目は、「実現できるもの」を先に考えてしまいがちな点です。チームにエンジニアの割合が多い場合によく起こりますが、新しい事業や改革を考えるときに、ついつい「How」から考えてしまう傾向にあります。

たとえば、「当社がこれまで培ってきた技術をさらに新しい分野に展開できないか」とか、「最近、Web3やChatGPTがトレンドになっているので、他社に負けないように、その分野で先手を打って先駆者になるんだ！」といったところからスタートする場合です。このような場合は技術検討から始めてしまうことが多く、技術好きのエンジニアにとってはおもしろくて仕方がないので非常に盛り上がるのですが、抜け出せない沼にはまってしまうことが多々あります。それは、「技術的に実現できるかどうか」、あるいは逆に、「こんな技術をさらに追加すればすごいことになるのでは」という技術実現検討に集中してしまうことから起こります。

これらは決して間違いではなく、明確な目標があればよいスタートになるでしょう。ただ、この時点での目標は「How」が中心です。「Who」「Where」「What」がないままスタートすることが影響して、メンバーが共有しやすい「Will」になっていないという認識を忘れないでください（図3-11）。

そもそもその技術を使って、誰のために（Who）、どんなものを作って（What）、どんなシーンで（When／Where）活用するユーザーにとって価値のある製品やサービス、新規業務を実現できるのかを考えなければ、使っている技術は素晴らしいのに、使ってくれるユーザーが見つかりません。あるいは、見つかったものの、ユーザーが使っても目新しさを感じられないという結果になる可能性もあります。

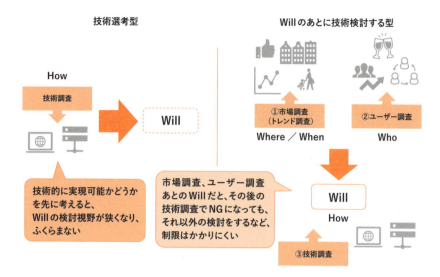

●図3-11 Willと技術の検討順での差

②できる「もの」ではなく、できる「こと」を考える

2つ目のポイントは、「実現できるもの」と「ユーザーが使いたいと思うこと」という2つの表現の最後の2文字である、「もの」「こと」の違いです。

これは、1つ目の「どうやって実現するかを先に考えすぎない」をさらに違う視点でとらえたものです。みなさんも「ものづくりからことづくりへ」という表現を耳にしたことがあるでしょう。仮説を考えるときに、どうしても実現する製品やシステムを中心に考えてしまいがちです。ユーザー視点にはなっているものの、ついつい「ユーザーが使いたいもの」を考えることから抜け出せない状況です。

その製品やシステムを使って、ユーザーがどんなときに、どんなことがしたいのかまで、広げて考えてみてください。つまり、「ユーザーが使いたいと思うこと」としてとらえるわけです。ユーザーは「もの」に価値を感じますが、それはデザインや、そのものが使っている技術までの範囲です。本当に価値を感じるのは、その「もの」を

使って、なにかをしたことから生まれる、「早い！」「便利！」「楽しい！」「斬新！」といった感情です。ユーザーがどんな「こと」がしたいのかまで広げて考えることがポイントなのです（図3-12）。

次の節では、「実現できるもの」を考えるのではなく、「ユーザーが使いたいと思うこと」を考えるベースとなるポイントを念頭に置きつつ、より具体的なアクティビティを見ていきましょう。

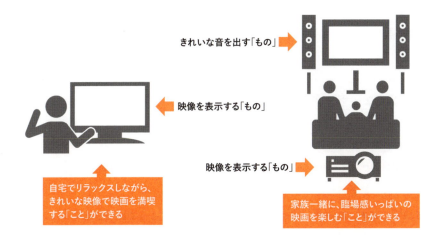

●図3-12 「もの」と「こと」の違いを意識する

 未来をつかむ！いま知っておきたい戦略④
〜「ことづくり」で考えるには習慣化が重要〜

「ことづくり」で考える重要性はなんとなくわかってはいるものの、実は奥深い思考です。先ほど書いたように、ユーザー視点にのっとり、ユーザーが得られる価値を具体化し、どのようなサービスが実現できるのか、そのサービスで収益を生むことができるのか、デジタル技術を活用することができるのか、そもそもSDGsの観点で持続可能性であるのかなど、考えることは多岐にわたります。このあとでもアクティビティを説明しますが、ここでは、シンプルに「ことづくり」で物事を考えるための秘策を紹介します。

それは、日々の生活のなかで、「おもしろいもの」を発見する習慣をつけることです。身の回りにある製品やサービス、出かけたときに見つけるもの、知り合いが使っているものなどから、「なにがおもしろいのか」「どうしておもしろいのか」を見つけるアンテナを強化してみてください。自分自身がおもしろいと思うことを見つけられる機会が増えたら、次は「他の誰かがおもしろいと思うこと」も見つけてみてください。

　日々の「おもしろアンテナ強化」で、「ことづくり」を考える視点とスキルが身につきます。

3-3-2　ユーザー視点で考える

　では、実際にどのように調査・分析していくのでしょうか。

　まず最初に「ユーザー視点で考える」ためのアクティビティですが、ここでは、考えるためのフレームワークというよりも、考え方について説明します。ユーザー視点で考えるのは、第2章2-1-5で説明した新規事業／業務改革のためのアプローチステップのうち、「①市場調査（トレンド調査）」と「②ユーザー調査」です（図2-9）。

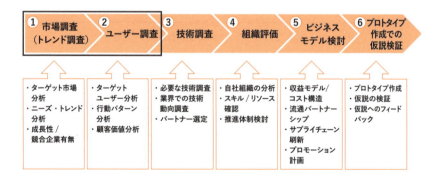

●図2-9 新規事業／業務改革のためのアプローチステップ（再掲）

　「ユーザー視点で考える」には、先述した「ユーザーが使いたいと思

うこと」がベースになります。もう少し細かく説明すると、ユーザー中心の視点で、ユーザーにどのようなニーズがあるのか、どんな感情を持っているのかなど、深く「共感」することから始めます。そして、そのニーズが生まれる理由となる課題について「定義」することで、主要な問題に焦点を当て、その解決方法と実現するゴールを具体的に「アイデア出し」を行なったうえで、「試作・検証」で確かめていきます（図3-13）。

これらはユーザー視点で問題をとらえ、解決し、価値ある製品やサービスを提供するための基本的な考え方です。

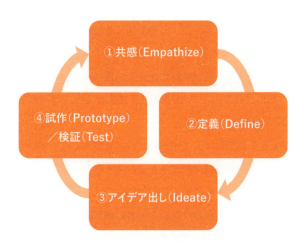

●図3-13 ユーザー視点で考える4つの流れ

では、それぞれ細かいポイントも含めて、活動内容を見ていきましょう。

1. 共感（Empathize）

ユーザー視点でとらえるためのベースになる部分です。ユーザーのニーズや課題を確実にとらえるには、ユーザー像を明確に定義して、そのユーザーがどんな動作をするのかだけでなく、どのように感じるのか、感情に寄り添って考えることが重要になります。

3-2-3「共有できていることを確認する」でも説明した「Will」を伝えるパターンと同じですが、ユーザー視点でとらえるときにも、「理解する」→「共有する」→「共感する」というステップアップが必要です。

ユーザーを取り巻く社会や市場を分析する、直接インタビューするなどの時点では、まだ「理解する」の段階です。インタビューのときに「こんな場合はどうですか？」「こんな対応をすることもありますが、いかがですか？」といったやり取りをしながら相互に理解を深めます。そして、それらの結果をいったん自分たちの考えで整理する段階で「共有する」ことができます。そのうえで、自分がユーザーだった場合には、どのように考え、どのような課題が発生するのか、どう対応するのかを考えてみて、ようやく「共感する」レベルに達成します。ユーザーの状況や課題を斜にかまえて調べるだけでなく、自分のこととしてとらえることで「共感する」ことができ、ユーザーの真のニーズや課題を整理できます。

もしかすると実際には、ユーザーニーズも課題もないという段階から、新規ビジネス創造や業務改革を検討することがあるかもしれません。そんなときにも「理解する」→「共有する」→「共感する」というステップアップを何度か繰り返している経験があれば、ユーザーニーズの仮説を立てることができます。

2. 定義（Define）

次に、「1. 共感（Empathize）」で入手・整理できたユーザーニーズや課題についての定義を行ないます。

多数のニーズや課題を抽出していると思いますが、実際にはすべてに対応することは不可能です。ユーザーにとって最も助かる（価値を感じてもらえる）ニーズや課題、ビジネスとして効果があるニーズや課題、これまでの自社の技術やノウハウを活用することで早期に実現可能なニーズや課題など、いろいろな視点があります。それらのなかからユーザーにとって本当に重要な課題に焦点を当て、優先順位をつ

けていくことで、自分たちが解決する課題と、どのような姿になればいいのかを定義します。

3. アイデア出し（Ideate）

続いて、「2. 定義（Define）」で発見した、解決する課題とゴールに関して具体化していきます。

ターゲットニーズや課題は定義できたものの、それをどのように解決していくのか、ITシステムが必要だとすればどんな機能があればよいのか、ユーザーが使いやすいユーザーインターフェースとはなにか、システムを活用するうえでの運用面の対応が必要かどうかなど、みんなでアイデアを出しながら具体化してイメージをふくらませます。

このあたりで、企画担当、開発担当、営業担当など、関連する複数の役割の人たちに参画してもらったほうが、広くアイデアを募ることができます。チームメンバーを増やす、ステークホルダーに協力してもらうなどでの対応が効果的です。

その際には、人数が増えたことによるチーム全体での「共感」も重要です。また、アイデアを出しやすい環境や取り組みに気をつけながら、出してもらったアイデアを最初から否定するのではなく、まずはすべてのアイデアを受け入れたうえで、チームで効果的な議論ができるファシリテーションも重要になります。

4. 試作（Prototype）／検証（Test）

「3. アイデア出し（Ideate）」で具体化した内容を、仮説検証で価値の確認に移行します。

具体化したものを実際に「試作（Prototype）」という動く形にし、「検証（Test）」することで価値を確認することを何度も繰り返し実施し、「共感（Empathize）」「定義（Define）」「アイデア出し（Ideate）」で調査・分析・具体化した仮説を検証していきます。

目的は動くものを作るだけではなく、仮説が正しいかどうかを実際に検証していくことです。とくに「検証（Test）」の際には、目的を忘

れずに価値のフィードバックを実施してください。

「試作（Prototype）」と「検証（Test）」のポイントとアクティビティについては、第4章で詳しく説明します。

「きちんとユーザー重視で考えていますよ！」と思いながらも、実際にはどのようなステップで考えるのか、どのようなポイントがあるのかわからないままヒアリングや検討をしている場合があるのではないでしょうか。

まずは、4つの流れを意識しつつ、それぞれのポイントに注意しながら進めてみてください。これまで以上に、具体的で根拠のある仮説ができあがるはずです。

ここからは、それぞれの流れのなかで代表的なアクティビティを説明します。

●表3-4 ユーザー視点で考えるときによくある質問と対策

No.1	質問	ユーザー視点で考える4つの流れは、順番に考えて一巡すれば考えが整理できるのでしょうか？
	対策	図3-13「ユーザー視点で考える4つの流れ」の背景に矢印の円が描いてあるとおり、ほとんどの場合は何度も繰り返しながら検討することが多いです。 「共感」した内容は、「定義」「アイデア出し」「試作／検証」を実施することでブラッシュアップしていきますが、もしかすると最初の「共感」で内容が不足しているかもしれません。そのときは、もう一度「共感」を見直しながら進めてください。 また、4つの流れを行ったり来たりする場合があるかもしれませんが、いまどの流れを考えているのか、「定義」しているのか、「アイデア出し」をしているのか、検討の目的を明確にするために、流れを意識しておいてください。

No.2	質問	4つの流れは、1つのユーザー価値について考えるときに使えますが、DX全体の構想を考えるときにも使えるのではないでしょうか？
	対策	ご指摘のとおりです。 4つの流れは、第1章の図1-2にある「①理解と共感」「②仮説定義」「③仮説検証」というフェーズとしてもとらえることができます。つまり、DX全体の構想での流れが、一つひとつのユーザー価値を考えるときにも展開ができます。 そういう意味では、全体構想を考える際にも、それぞれのユーザー価値を考える際にも、この4つの流れを基本として忘れず活用してください。

3-3-3　As Is（現状）と To Be（目指す姿）で比較する

　新規ビジネス創造や業務改革でも、「As Is」と「To Be」という表現はよく使われているキーワードですので、聞いたことがある方も多いのではないでしょうか。

　プロジェクトマネジメントなどでも使われるキーワードですが、はじめてという方のために、簡単に説明しておきます。

As Is　　←ギャップ→　　**To Be**

いまの状態　　　　　　　　　目指すべき姿
どのような課題があるか　　　どうなればいいのか
関係する人は？　　　　　　　新しい関係者を作る？
収益は？　　　　　　　　　　新規ビジネスモデル？

●図3-14　As Is と To Be

シンプルにいうと、「As Is」は現在の状態、「To Be」は目指すべき未来を示します。対象となるユーザーがどのような環境で、どんな課題を持っているのかを「As Is」としてまとめ、どのような状態になればいいのかを「To Be」で表します（図3-14）。

この2つの比較が現状と未来のギャップです。そのギャップを埋めることができるのが、みなさんがチャレンジしている新規事業であり、業務改革なのです。

こうやって言語化して説明すると、あたりまえのように思えるでしょう。ですが、意外と「To Be」ばかり考えて「As Is」があいまいになってしまっている、あるいは2つを比較できない内容でまとめて、一度考えたきりで終わりになっているということもよくあります。

これらの問題を回避するためには、比較するための検討軸を決めておくことをおすすめします。検討内容によってはカスタマイズが必要ですが、おもに以下のような内容を事前に設定しておきましょう。

1. **業務手順**：業務がどのような手順で行なわれているか
2. **業務時間**：業務にどれだけの時間がかかっていて、どのぐらい短縮したいか
3. **使用ツールやシステム**：業務を推進するために活用しているツール
4. **人材スキル**：業務を実施している人のスキルや知識
5. **コスト**：業務にかかるコスト
6. **品質**：業務自体の品質や成果物の品質
7. **リスク**：業務におけるリスク

これらの項目のなかで定量的に数値化ができるものがあれば、できるだけ具体的な数値データを書いておいてください。定量的な数値データが目指すべき姿の具体的な目標値になり、変革の成果を測定するためにも重要な指標となります。推進チーム全員でつねに「As Is」と「To Be」を意識しながら、仮説の妥当性を考えるときのチェック

ポイントにしてください。

　それぞれの検討ステップを進めるなかで、「As Is」も「To Be」も変わってきますが、決して間違いではありません。深い分析で明確化される場合や、ディスカッションを通じて具体化した結果だからです。ユーザーが実際に使って、真の「As Is」「To Be」の比較ができるまでは意識し続けてください。

　このように、仮説を定義するには、<u>「As Is」と「To Be」を明確化し、ギャップを認識し、解決方法を検討していくことで具体化</u>していきます。具体化のためのフレームワークはいくつかありますが、そのなかでも必ず使うといってもよい2つのフレームワークと、ユーザー視点で考えるアクティビティを紹介します。

「ペルソナ法」を活用しユーザーの解像度を高める

　「As Is」「To Be」を考える際に、なにについてまとめるかは決めたとしても、前節でも説明したとおり、ユーザー視点で考えないと抽象的になる可能性が高くなる、あるいは、「自分ごと化」「チームごと化」して「共感」することが難しくなります。

　よくあるパターンとして、「As Is」で現状の課題を抽出するものの、いろいろな課題がピックアップされて発散してしまうことがあります。どれもが正解だとしても、多すぎると整理・選択していくのにかなりの時間がかかってしまいます。

　これを解決するためには、<u>ターゲットとなるユーザー像を決めて絞り込んでいくこと</u>です。「As Is」と「To Be」をまとめるために、複数のユーザーヒアリングを実施できた場合は、ユーザーごとに「As Is」と「To Be」を細かくまとめていくのではなく、「Will」を実際に経験するユーザーを選択し、そのユーザーを分析するほうが効果的です。ヒアリングが終わっていたとしたら、ヒアリングしたユーザーを分析して、その結果をもとに定義します。ヒアリングしていなかったとしても、市場の動向やユーザーニーズの傾向を分析したうえで、自分たちなりのユーザー像を仮想的に定義すればいいのです。

その方法が「ペルソナ法」と呼ばれるものです。ペルソナとはもともと、ギリシャ劇で役者がかぶる仮面を意味するラテン語から転じたマーケティング用語で、商品やサービスを提供する際の、顧客の具体的な人物像を指します。目指すべき「Will」に最も近いターゲットユーザーを設定して、そのユーザーになりきり、どんな課題を抱えていて、どうしたいのか（ニーズ）、そしてそれらを解決できれば、ユーザーがどのように感じるのかを考えるフレームワークです。

まとめるポイントとしては、そのユーザーがどのような人物で、どのような背景があり、どう困っているのかをできるだけ細かく設定することです。

田村 隼人さん（32歳）
岡山出身
既婚／娘さん1人
趣味はサイクリング
誰にでもやさしい
アドバイスしてくれる

業務内容
・オンラインショップの状況確認→月別レポート作成
・新規販売予定商品の情報入手
・新規販売商品のオンライン販売判断
・販売する場合の紹介内容作成
・予定販売数に満たない商品の販売促進対策

所属：第一営業部 ネット営業課
役職：係長
部下：5名

ミッション：新規ネット販売商品の選定
求められる成果：年に30商品を新規で追加

顕在化している課題
・年間新規商品追加目標の未達成
・顧客ニーズが知りたいが方法が見つからない
・技術者からの新規販売商品情報の入手が難しい

●図3-15 ペルソナのサンプル

たとえば、名前や年齢、性別、職業、趣味、ライフスタイル、年収など、「これって必要なの？」と思ってしまうぐらい細かい内容を想定して書いていきます。項目も自由に追加してかまいませんので、チームでディスカッションするなかで思いついたものはどんどん追記してください。その人のイメージを、イラストや、想像している人物に近いと思われる人の写真を検索して貼り付けるなどして、リアルな雰囲気まで表現するのがポイントです（図3-15）。

これらのペルソナ詳細化によって、ターゲットユーザーが困っている課題やニーズをより鮮明にイメージできるようになります。つまり、最初にペルソナを描いて「共感」することで、そのあとの仮説検討・定義は格段にレベルアップできます。

　ターゲットが個人ではなく集団の場合に、グループとしてのペルソナを描いてしまうことがあります。ユーザーが学校のクラスや高齢者サポート施設、家族などの場合には、使ってもらうのは1つのグループなので、グループ自体をペルソナとして表現してしまえばいいのでは？　と思ってしまうかもしれませんが、それは間違いです。最終的に使うのはそのなかの誰なのかを想定し、その人物を定義してください。検討しながら、ペルソナ自体も加筆・修正していけばいいので、あくまでも1人の人物を想定して描いてください。もちろん、グループのなかで関係者が重要な要素になっているときには、その関係者をサブのペルソナとして定義することはありますが、この場合もメインとサブのペルソナは明確に区別してください。

　たとえば、製造現場での作業効率化をDXで行なおうと考えたとします。現場には、管理しているリーダーや製造技術を受け持っている担当だけでなく、そのほかにも関連している人が多数いるはずです。もちろん、どのような人たちが関連しているのかは、事前に関係図などでまとめておく必要はあります。しかしそれぞれをユーザーとして考え、個別にニーズ分析していくと、結果的に「As Is」と「To Be」が発散してしまう可能性が高くなります。そのため、最も価値を感じるであろう人を見極め、想定しながらペルソナ化してください。

　たとえば、図3-16の吹き出しにあるような改革を目指した場合は、それぞれの内容を最もよく知っている人物がいるはずなので、その人物をもとにペルソナ化することで効果を出すことができます。

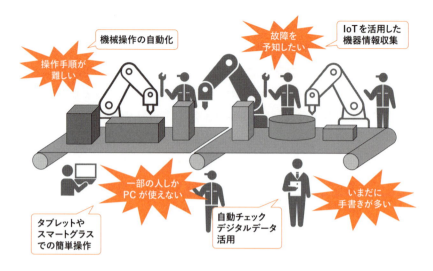

●図3-16 製造現場にいるさまざまな作業者

「カスタマージャーニーマップ」でユーザー共感度を高める

　ペルソナを定義したら、次は想定したターゲットユーザーがどのような行動をするのかを時系列的に具体化し、一連の行動の流れのなかで、どのように感情が変わっていくのかをまとめます。その方法が「カスタマージャーニーマップ」です（図3-17）。

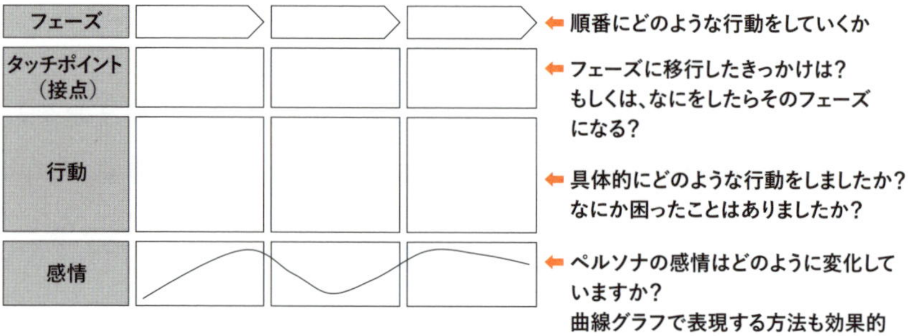

●図3-17 カスタマージャーニーマップ（テンプレート）

カスタマージャーニーマップは文字どおり、ターゲットユーザー（カスタマー）が「旅（ジャーニー）」に出ることを想定して、旅のなかでのワクワク感や、なにかのハプニングにあってドキドキ・ヒヤヒヤすることを具体的にまとめていきます。

ペルソナ法は人物に共感して「自分ごと化」「チームごと化」するのに対して、カスタマージャーニーマップではその人物の行動を想定することで、感情に共感して「自分ごと化」「チームごと化」していきます。

いろいろなパターンがありますが、ここでは一般的なまとめ方を紹介します。

まず、ターゲットユーザーの活動を「フェーズ」としていちばん上に並べていきます。そのあと、それぞれのフェーズの下に、なにがきっかけなのか、どんなものに接したことで行動につながるのかなどを「タッチポイント（接点）」として描きます。そしてその下に、実際にどのように「行動」をするのかを時系列に分類して記載します。さらにその下に、それらの行動によって、ターゲットユーザーがどのような思いを持ち、どのような気分になったのかを「感情」としてまとめます。もちろん、そのほかに分析したい内容があれば、項目として追記してもかまいません（あまり多くならない程度に）（図3-18）。

フェーズ	工場入室	作業確認	部品調達	製造	完成品移動
タッチポイント（接点）	入室手続き	作業掲示板に移動	備品倉庫に移動	作業場所への移動	組み立て完了
行動	・入室処理 ・カードでログイン ・周りへの挨拶	・本日の作業を指示書で確認 ・必要部品の確認	・必要な部品を倉庫から調達 ・仕分け箱に部品を区分け	・手順の再確認 ・組み立て作業 ・完成品の確認	・パレットの完成品を倉庫搬入
感情	😆	😍	🙂	😟	😐

●図3-18 カスタマージャーニーマップ（サンプル）

ターゲットユーザーの行動を横軸に時系列に描き、その行動によって発生する内容を縦軸に描くことで、感情も含めた動きの変化を1枚

で可視化することができます。ターゲットユーザーの活動と、その変化における感情の動きが一目でわかりますし、仮説定義のためにも重要な判断要素になります。

　また、カスタマージャーニーマップを土台として、「As Is」「To Be」を表現することも可能です。まずは現状分析として、ユーザーの行動をカスタマージャーニーマップで描き、課題やニーズをより具体的に「As Is」として「共感」します。そのあと、ある程度、仮説が具体化された段階で最終的に目指すべき姿が実現したときに、ユーザーの行動がどのように変わって、その行動で感情がどう変化したのかという「To Be」を新しいカスタマージャーニーマップとして描いていきます。それぞれを比較することで、行動・感情レベルで「As Is」と「To Be」の違いを細かく分析でき、「To Be」に抜け漏れがないのかを確認することができます。

事例
株式会社フルノシステムズ
〜カスタマージャーニーマップを活用しチームの議論を活性化〜

　フルノシステムズの分科会でのターゲットユーザーは社員ではなく、自社の商品を購入したユーザーでした。そのため、ユーザーが求める姿を直接見ることが少ない技術系のメンバーには、ある意味想像の域を越えられないという課題がありました。もちろん間接的にほかの社員から話を聞くこともありますし、会社のなかにユーザー課題をまとめた資料もありました。しかし、自分たちが想定している課題は本当にそうなのだろうかという一抹の不安を抱えながら検討していることが多かったのです。

　そのときに、ユーザー理解を促進してくれたのが営業担当でした。ワークショップにも参加してもらっていたので、実際に商品を使っているユーザー企業にはどんな役割の人がいるのか、関連

業者やシステム会社はどんな役割で関与しているのかの関係図を確認できました。営業担当からの説明を受けたあとに、全員でカスタマージャーニーマップをまとめ、一連の業務フローのなかでどのような行動をとるのか、その際の感情はどのようなものなのか、それらの感情を引き出すための成果や課題にはどんなものがあるのかを詳細にまとめました。

単純に営業から話を聞くだけであれば、もしかしたら大きな成果にならなかったかもしれません。しかし、それらをカスタマージャーニーマップというフレームワークにあてはめることで、確認する項目が明確になるとともに、全員で議論しているので、気になるところはどんどん深堀りできました。結果的に詳細にまとめることができただけでなく、全員が自分化でき、チームとしても共有・共感できました。

 未来をつかむ！ いま知っておきたい戦略⑤
～一般的なフレームワーク活用の応用～

ここまで説明した「ペルソナ」「カスタマージャーニーマップ」、このあと説明する「SWOT分析 (p.101)」「ビジネスモデルキャンパス (p.103)」などは、一般的なマーケティング分析などで活用することも多く、よく知られた分析フレームワークです。Webで検索するとたくさんのノウハウを探すことができますし、それぞれ違った方法で説明されている場合もあります。本書では、仮説定義で活用

でき、後半の仮説検証にもつながりやすく考えられるように説明しています。ある程度慣れてきたら、Webで調べてほかの使い方を試してみたり、生成AIからヒントをもらったり、いろいろと使途を広げて使いこなしてください。フレームワークがシンプルなだけに応用しやすく、アレンジすることで自分に合ったやり方を見つけることもできます。

●表3-5 As IsとTo Beを考えるときによくある質問と対策

No.1	質問	ペルソナを決めることで、逆に検討の幅が狭くなりませんか？
	対策	DXの改革ではたくさんの人がかかわり、各々の役割も違っているのに、ペルソナで1人に絞り込むと、逆に検討の幅が狭くなるのではないか。また、それらのペルソナにあてはまらない人は価値を感じることができないことにならないのかという不安を感じてしまうかもしれません。 しかし、ペルソナを定義せずに多数の人たちに合わせて検討するとなると、前述したように、情報量が多く、発散してしまう可能性があります。また、ユーザー価値の成果を判断する軸がぶれてしまうこともあります。 想定されるユーザー像が定まらないまま検討するよりも、ペルソナを決めることで目標が明確化されますし、結果的には検討を早めに完了できます。
No.2	質問	カスタマージャーニーを記載するときは、どのぐらいの粒度で書けばいいのでしょうか？
	対策	マップに記載する内容の粒度は改革範囲の大きさによって変わってくる場合もあるため、一概にこの程度の粒度で確定するのは難しいです。 ポイントとしては、推進メンバーがユーザーの一連のフローを理解できること、そしてユーザーの行動と発生している課題が紐づけられるかどうかです。 感情を描いているのも、ユーザーの行動に関係した課題が発生していないかどうかを計る目的もあります。 ユーザーと同じ視点に立って共感できるかどうかも確認しながら、粒度をそろえてください。

3-3-4　どのようにしてユーザーに届けるのかを考える

ここまで、新規事業／業務改革のためのアプローチステップの「①市場調査（トレンド調査）」と「②ユーザー調査」のポイントとアクティビティを説明してきました。ユーザー視点で考える重要性や、どのようにまとめていけばいいのかを理解できたのではないでしょうか。

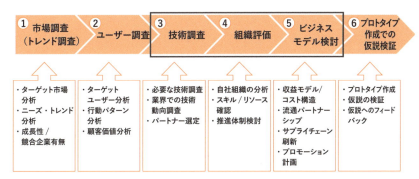

●図2-9 新規事業／業務改革のためのアプローチステップ（再掲）

ここからはユーザー視点で考え、まとまった仮説をどのように実現するのかといった手段を具体化するアクティビティを考えていきます。新規事業／業務改革のためのアプローチステップの「③技術調査」「④組織評価」「⑤ビジネスモデル検討」になります。

「①市場調査（トレンド調査）」と「②ユーザー調査」については、「目的」を設定するためのステップととらえることができます。どのような市場をターゲットにし、どのようなユーザーに、なにを届けるのかを定義します。そのために、これまで説明した5W1H、ペルソナ、カスタマージャーニーマップなどのアクティビティで具体化し、「目的」を定めます。

目的が明確化されたうえで、その目的をどのように実現させるのかという「手段」を具体的に検討するのが、「③技術調査」「④組織評価」「⑤ビジネスモデル検討」のステップです（図2-9）。目的が明確にな

らないまま手段を考え始めてしまうと堂々巡りになり、無駄な検討が増える恐れもあるので、注意してください。

「③技術調査」では、目的をどのような技術やツールを使って実現するのかを考えます。自社で実現できる技術であれば、どのように展開すればいいのかを考えましょう。今後新しく導入する技術やツールであれば、他社でどのような展開が行なわれ、きちんと価値につながっているのか、新しく導入するためにはどんな活動が必要で、どのようなリスクがあるのかなどを検討しておく必要があります。

「④組織評価」では、目的を実現すべき自分たち自身に、実現するための組織力があるのかどうかを判断します。よくいわれる「人・もの・金」の表現がわかりやすいかもしれません。リソースが十分なのか、どのような体制を構築すれば確実に早く実現できるのか、「③技術調査」で分析した技術を使いこなせるスキルを持つメンバーがいるかどうか、検討のために協力してもらう社内外の人物が必要かどうかという「人」の評価。それらを実現するためにはどんなツールが必要なのか、ITシステムを構築するのであれば開発環境がそろっているのか、ハードウェアや測定機器などが必要なのか、また本書で説明したような検討のためのフレームワークやメソッドがノウハウも含めて社内にそろっているかなども「もの」の評価となります。

「人」「もの」の評価ができたとしても、それらを実現するための投資を確保できなければ実現はできません。人が必要であればコストもかかりますし、仮説検討と仮説検証の期間が長ければそれだけコストは増大します。環境構築や物品購入にも資金が必要となります。ざっくりではなく、できるだけ詳細に分析したうえで、「金」の評価を実施することが重要なのです。

「⑤ビジネスモデル検討」では、今回チャレンジした新しい製品やサービスがビジネスとしての成果につながるかどうかを戦略も含め具体的に検討します。

たとえば、次のようなものです。

- ロードマップ：どのようなタイミングで導入するのか、1回で終わるのか、何度もブラッシュアップしながら成長させていくのか
- マネタイズ：収益を得るために誰がどのように対価を払ってくれるのか、その反対に、運用も含めて継続的な出資があるのかどうか
- マーケティング：どのようにユーザーを増やし、どのように流通させるのか

これ以外にも検討すべき内容は多岐にわたります。

上記の手段の検討にもいろいろなフレームワークがありますが、そのなかでよく使われる代表的なフレームワークをアクティビティとあわせて説明します。

「SWOT分析」で自らの強みと弱みを洗い出す

「③技術調査」「④組織評価」「⑤ビジネスモデル検討」の3つのステップに共通したベースとなるものは、自社の分析です。自分たちにはどんな領域でどんな強みがあるのか、また弱いと思われるものはなにかという内部環境。また外部環境として、自社が優位に働くような社会的変化の好機や、逆に自社のサービスが直面しそうなマイナス要素といった内容をカテゴリに分けて言語化し、分析します。

考えるカテゴリは4つです。

「強み(Strength)」「弱み(Weakness)」「機会(Opportunity)」「脅威(Threat)」で、それぞれの英語表現の頭文字を並べて「SWOT分析」と呼ばれます。横軸にプラス要因とマイナス要因を並べ、縦軸に内部環境と外部環境を並べることで、相互に比較しやすくなっていることも特徴です（図3-19）。

まずは、内部環境から見ていきましょう。

「強み(Strength)」には、自社としてどのような強みを持っているのか、なにができて、他社と比べて真似できないコアコンピタンス

（能力・技術など）となることができるのかをまとめていきます。

その反対に、他社と比べると弱い部分を「弱み（Weakness）」にまとめていきます。

	プラス要因	マイナス要因
内部環境	**S**trength：強み ・ブランド認知 ・製品・サービスの競争力 ・独自の技術や知識 ・リソース ・財務状況　　など	**W**eakness：弱み ・製品・サービスの共創力不足 ・技術的な遅れ ・ブランド認知度やイメージの弱さ ・リソース不足 ・組織の柔軟性の欠如　　など
外部環境	**O**pportunity：機会 ・新市場の動向／市場トレンド ・社会規制の変更 ・技術革新 ・競合の弱体化 ・パートナーシップや提携　　など	**T**hreat：脅威 ・競合他社の動向 ・市場の変動や不確実性 ・技術進歩 ・自然災害や環境問題 ・サプライチェーンのリスク　　など

●図3-19　SWOT分析のおもな記載項目

正直なところ、弱みを書くとネガティブになってしまい、できれば書きたくないという気持ちを持ってしまうかもしれません。しかし、弱みの部分を解決できれば自社の成長につながる可能性があります。できる限りリアルで具体的に表現することを心掛けてください。

次は、自社を取り巻く外部環境です。

「機会（Opportunity）」では、社会やトレンドがどのように変化していて、強みをうまく活用できる機運ができているか、パートナー企業が存在しているか、産学連携が実現できているなどで協力関係ができているか、これまで構築してきた技術が活用できる時流になってきているなど、プラスになる外部要因を具体的にまとめます。

「脅威（Threat）」では、逆に社会の変化によってマイナス要素になる可能性があることをまとめます。たとえば、これまで収益をあげて

きた製品群が使われなくなってきている社会的な要因、法律改正などにより政治的な面で制約が発生してきていること、競合他社が先にシェアを取ってしまい、参入すべき隙間すらないなどを具体的にまとめます。

　これらのプラス／マイナス、内部／外部のそれぞれをまとめることで、比較しながらより具体的な自社の立ち位置の分析と、どのような対応をすればよいのかという仮説定義に対するベース分析を実施することができます。「技術」「組織」「ビジネス」をすべて1枚にまとめる書き方で問題ありませんが、もし細かくなるようであれば、1枚ずつにまとめてみるという方法でもかまいません。

　SWOTはあくまで分析のためのフレームワークですが、少し発展させて、4つのカテゴリに対するアクションを追記する場合もあります。「強み」であれば、自社の強みをのばすためにはどのような対応をすればいいのか、「弱み」については、克服すべき項目を優先的に選択したうえでどのように対応するのか、「機会」を活かすためにどのように活動すれば確実に活かすことができるのか、「脅威」が現実のものにならないよう具体的にまとめておくのも効果的です。

「ビジネスモデルキャンバス」で全体の関係性を精査する

　「③技術調査」「④組織評価」「⑤ビジネスモデル検討」にて、具体的な調査・分析・検討を進めた結果は各々詳細にまとめられているはずですが、それをあえて1枚に書くことで、全体を俯瞰し、それぞれの関係性と妥当性を確認できるのが「ビジネスモデルキャンバス」です（図3-20）。

　マップは9つの領域にわかれていて、各領域をシンプルかつ的確にまとめていきます。どんな価値を提供するのかを中心（**2**）に置き、左側（**6**〜**9**）はそれらをどのように実現するのかという内部要因、右側（**1**、**3**〜**5**）はどんなユーザーにどのように提供できるのかという外部要因で構成されています。

8 おもなパートナー KP： Key Partners	7 主要活動 KA： Key Activities	2 価値提案 VP： Value Propositions	4 顧客との関係 CR： Customer Relationships	1 顧客セグメント CS： Customer Segments
	6 リソース KR： Key Resources		3 チャネル CH： Channels	
9 コスト構造 CS：Cost Structure		5 収益の流れ RS：Revenue Streams		

●図 3-20 ビジネスモデルキャンバス

1. **顧客セグメント（CS：Customer Segments）**

   製品やサービスをどんな顧客に提供するのか、どのようなセグメントをターゲットにするのかを明確化します。

   どのようなグループに所属しているか、どのような人なのかをわかりやすく書いていきましょう。ペルソナでまとめた内容などが関係しています。

2. **価値提案（VP：Value Propositions）**

   製品やサービス・製品の提供によって実現できる価値はなにか、他社となにが違うのかなどを明確化します。

   顧客が感じられる価値をシンプルかつ判断しやすい表現で書きます。質や感性的な価値（定性的価値）だけでなく、価値を数値データとして目標設定する（定量的価値）ことができれば、目標が明確になり、仮説検証や提供後のフィードバックなどの判断がしやすくなります。

3. **チャネル（CH：Channels）**

   製品やサービスを流通・販売する経路（チャネル）を決めます。
   顧客が製品やサービスを知るきっかけを作るためのマーケティングチャネル、顧客が購入するのはインターネット経由なのか

店舗からなのかなどの販売チャネル、顧客にどのように届けるのかといった流通チャネルなどをわかりやすく記載します。ペルソナで書かれた興味ある分野などが、顧客にリーチするヒントにもなりますし、カスタマージャーニーマップでのタッチポイントなどからも考えることができます。

業務改革であれば、サービスを開始する際にどのようにサービスを開始して、どう活用してもらうかの導入経路でまとめることができます。

4. 顧客との関係（CR：Customer Relationships）

チャネルが整理できたら、その上に顧客とどのようなかかわり方をすれば中長期な期間で良好な関係を構築できるのかについて、具体的なポイントを整理します。

SNSやコミュニティなどによる顧客との接点をどう活用するのか、提供後も継続して情報を発信していくなど、よりよい関係を構築できる手段をまとめます。

5. 収益の流れ（RS：Revenue Streams）

製品やサービスによって、どのように収益を得るのかをまとめます。

単純に販売時に顧客から代金を払ってもらうという手段もありますが、Web検索やゲームアプリのように顧客からの支払いはないものの、広告により収益を得る場合もありますし、マネタイズにはいろいろなパターンがあります。ポイントは、顧客は価値を感じるものにしか支払わないということです。

お金の流れと一緒に価値の流れをまとめていくことで、わかりやすく整理することができます。業務改革では、効率化によるコストの抑制や、新しい業務により新しく得られることができる収益などで考えてみましょう。

6. リソース（KR：Key Resources）

製品やサービスの提供のために必要な設備や人を特定します。

リソースという表現ではつい「人」だけを考えてしまいますが、

ツールや物理的な設備、場合によっては特許なども考えておく必要があります。もし、多数のリソースがリストアップされ枠内に書ききれない場合は、ビジネス全体への影響度を考えて、主要なリソースに絞り込んでください。

7. **主要活動（KA：Key Activities）**

<u>製品やサービスを提供するために実施しなければならない活動</u>をまとめます。

「3. チャネル」や「4. 顧客との関係」が明確化されていると思いますが、それらはなにかを実施しなければ、「2. 価値提案」自体が実現できないことも多いはずです。それらの必要な活動をタスクとしてリストアップすることで、「6. リソース」の過不足も検討できます。関連する領域を相互確認しながら明確化してください。

また、できる限り実施すべき活動がわかりやすくなるように、あいまいな表現にならないように注意しましょう。たとえば「広い範囲での広報活動」のように記載すると、なにをどうやって広報するのかがわからないため、具体的な活動内容や、その活動によって必要となるコストや期間が判断できなくなってしまいます。

8. **おもなパートナー（KP：Key Partners）**

<u>協力体制を作る企業や研究機関など、価値提供のために必要となるパートナー</u>を明確化します。

価値提供のためのITシステムを開発するのにアウトソースされる企業や、活用する最新技術のスキルやノウハウを持っている研究機関や企業などもあるでしょう。

また、「3. チャネル」や「5. 収益の流れ」でリストアップした内容に対して、販売・流通で協力してもらう企業なども考えられます。ここでも、関連する領域を相互確認しながら明確化してください。

9. **コスト構造（CS：Cost Structure）**

   製品やサービスを提供するにあたり、必要なコストを確認します。

   コストには、人件費や物品の購入費、広告宣伝費などが考えられますし、「8. おもなパートナー」でリストアップしたパートナーに対して協力費用が発生する場合もあります。「5. 収益の流れ」で大きな収益が得られそうであっても、コストが予想以上にかかってしまうと、お金は流れるけれど、結果的に利益につながらない場合も考えられます。

   この時点で、どのようにコストを抑えるかを具体的に検討する必要はないですが、発生するコストについては大きな分類になってもいいので、できる限り抜け漏れなくリストアップしてみてください。

範囲が広いので整理に苦戦するかもしれませんが、1人で抱え込まず、チームでワークショップ型にして進めるなど、メンバーの知恵を集めながらまとめてください。

ビジネスモデルキャンバスにまとめることで、最初に書いたように、全体を俯瞰できるように可視化できます。また、それぞれのカテゴリにまとめた各項目の関連性から、新たな気づきが発生する場合もあります。

検討開始時に書くのではなく、新規事業／業務改革のためのアプローチステップにおける「①市場調査（トレンド調査）」「②ユーザー調査」「③技術調査」「④組織評価」「⑤ビジネスモデル検討」の各ステップで検討したあとに、その内容で最も重要な内容を言語化することで、いままでパーツで調査・分析・検討していた内容のまとめにもなり、相互に矛盾がないかどうかも確認することができます。

●表3-6 どのようにしてユーザーに届けるのかを考えるときによくある質問と対策

No.1	質問	SWOT分析では、自社での分析だけでなく、インターネット検索など、自分たち以外の分析も積極的に活用してもいいのでしょうか？
	対策	自社内に調査データや資料などがある場合は、そちらを優先していけばスムーズにまとめられます。そろっていない場合や資料自体が古い場合は、Webでの検索結果を使っても問題はありません。 「機会」は、社会がどのように変化しているのかをつかみ、自社でどのように対応するのかを考える必要があるため、外部情報は必要となります。 ただ、Web検索結果がすべて正しいとは限らないので、信憑性が高いと思われるサイトの情報を選択するように注意してください。 また、コストはかかりますが、外部調査機関に依頼するのも効果的です。
No.2	質問	ビジネスモデルキャンバスがすべて埋められません。最初からすべてを埋めるアプローチが必須でしょうか？
	対策	今回紹介したフレームワークのなかでも、ビジネスモデルキャンバスは最も記載項目が多いものです。広範囲でまとめていく必要があるので時間がかかりますし、調べなければならないことが多いです。 左側の内部要因、右側の外部要因で対比しながら、各項目を検討して記載していくことでまとめやすくはなりますが、最初からすべてが埋まらなくても大丈夫です。 その時点でわかっていることをシンプルに記載して、そのほかの調査・分析を進めていくうえでわかったことや、変更が必要な部分を加筆・修正していってください。 そのほかのフレームワークも同じですが、一度書き切ったら終わりというものではありません。いずれも仮説である以上、意識しながら継続的にブラッシュアップしてください。

3-3-5　ペインだけでなくゲインを意識する

ここまで、新規ビジネス創造や業務改革の実現に向けた仮説を検討・定義のための重要ポイントと主要アクティビティを説明してきました。「自分ごと化」「チームごと化」による「共感」を大切にしながら、対象ユーザーの価値を引き出す仮説をどのように定義していくのかを具体的に知っていただけたことでしょう。最後にもう1つ重要なアクティビティを紹介しておきます。

ペインとゲインの違いとは？

画期的な「Will」を思いつき、メンバーと「共感」しながら具体化することで、「これでいけるぞ！」という仮説ができるはずですが、そのなかで1つ注意するポイントがあります。それが「ペイン（Pain）」と「ゲイン（Gain）」を確認することです。どちらもユーザーに価値を考えてもらうための重要な視点ですが、それぞれに違いがあります（図3-21）。

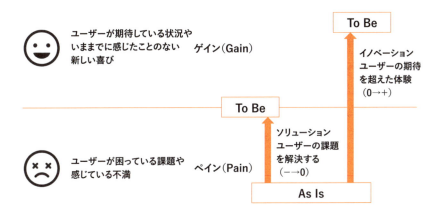

●図3-21　ペイン（Pain）とゲイン（Gain）を意識する

ペインとは、ユーザーが困っている課題や感じている不満のことで、それを解決したいというニーズが発生します。それらを解決できる対

策を提供することで、ユーザーが抱えている課題や不満を解消することができ、その結果、価値を感じ、対価を支払ってくれます。

　もう1つのゲインは、ユーザーが期待している状況や、いままでに感じたことのない新しい喜びのことで、「こうなりたい！こんなことがしたい！」という欲求ともいえます。ユーザーは、これまで経験したことのない新しいできごとや発見を経験したときに価値を感じ、対価を支払ってくれます。経験したことがない価値なので、課題や不満は存在しなくてもかまいません。解決ではなく、新しい経験自体が「Wow!」な価値になります。

　みなさんもこれまで数々のヒット商品を目にしたことや、実際に使ったことがあるでしょう。iPhone、ファミコン、たまごっち、ルンバなど、あげるときりがありません。どれも「こんなことができるといいな」という欲求があり、いつかはそんな時代が来るだろうと思っていたことを、実際にユーザーが経験できる形として提供した製品です。いまとなっては生活になくてはならない必需品になっているものも多いですが、最初に世の中に出てきたときには、ユーザーがまさに「Wow!」と感じる画期的な製品でした。

　みなさんもペインだけではなくゲインも考えた「Wow!」を感じてもらえるような製品やサービスを提供したいと思っているはずです。ただ、これまでたずさわってきた業務のほとんどが「解決型（ソリューション型）」である人が多いのではないでしょうか。そのため、ゲインを考える機会が少なく、どのように考えればいいのか悩むでしょうし、どうしても思考が解決型に偏ってしまう傾向にあるのも確かです。

　ペインはマイナスの状態を解決してくれるので、解決によってマイナスから0の状態にはしてくれます。しかし、ユーザーが求めているゲインは0ではなく、プラスにまで引き上げてくれることです。どちらがより高い価値かといえば、やはりプラスになったときです。せっかくの時間とコストをかけた新規チャレンジですので、「イノベーション型」で世界を「Wow!」とさせるような製品やサービスを目指し

ましょう。

　なにもない状態からいきなり「ゲイン」を生み出すのは難しいものです。いろいろな経験をして、新しいものを考える視点や発想力がアップしていくことで上達していくとは思いますが、ペインとゲインをそれぞれ区別して整理し、比較することで、ゲインを引き出すアプローチを考えてみましょう。

　ではそのために活用するフレームワークを、活用方法と合わせて紹介します。

「バリュープロポジションキャンバス」で顧客ニーズとのマッチを確認

　バリュープロポジションキャンバスは、左側に自社（私たち）が提供しようとしている「顧客への提供価値（Value Proposition）」を、右側に顧客（ユーザー）が実現したい「顧客セグメント（Customer Segment）」を並べて比較することで、顧客のニーズに合致できているかどうかを確認するためのフレームワークです（図3-22）。

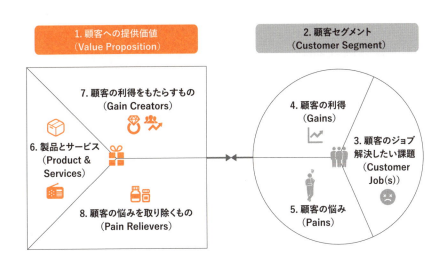

●図3-22　バリュープロポジションキャンバス

3-3-1で説明した「もの」と「こと」の紐づけでもありますし、ペインとゲインの紐づけもできます。

いろいろと考えた仮説をもう一度ユーザーが求めていることと比較して、ニーズに合っているかどうかを紐づけながら、確からしさを確認することができます。

1. **顧客への提供価値（Value Proposition）**
   自社が提供しようとしている製品やサービスの価値をシンプルにわかりやすく書きます。

2. **顧客セグメント（Customer Segment）**
   提供しようとしているターゲットになるユーザーの特長をシンプルにわかりやすく書きます。ペルソナでまとめた内容のなかで、最も的確にターゲット像を表現している内容を選択しましょう。

3. **顧客のジョブ（Customer Job (s)）**
   対象となるユーザーが実現しようとしていることを描きます。製品やサービスの対象となる業務内容や、ユーザーがその仕事で実際になにを実現したいのかを書きます。ユーザーの欲求がどんなことをしているときの欲求なのかがわかります。

4. **顧客の利得（Gains）**
   ジョブを進めるなかで、顧客が求めているメリットを書きます。最初に説明したように、課題が解決できたことで得られる恩恵レベルではなく、ユーザーが想定している以上レベルのメリットを意識しましょう。

5. **顧客の悩み（Pains）**
   「4. 顧客の利得」で顧客が求めているメリットに対して、実現を阻害する課題を書きます。顧客が仕事を進めているなかで、障害やリスクになっている内容です。

6. **製品とサービス（Product & Services）**

    ここからの3項目は、推進チームが実現しようとしている製品やサービスの特長を書きます。

    製品とサービスでは、シンプルかつ的確に実現しようとしている製品やサービスを書きます。

7. **顧客の利得をもたらすもの（Gain Creators）**

    製品やサービスによって実現できる顧客へのメリットを書きます。製品やサービスを活用することで、顧客が手に入れることができるメリットをまとめてみましょう。

8. **顧客の悩みを取り除くもの（Pain Relievers）**

    製品やサービスによって、顧客の悩みや課題がどのように解決できるのかを記載します。なぜ解決できるのか、解決手段を具体的に表現してみましょう。

　顧客側の分析として、「3．顧客のジョブ」を進めるなかで、こうなりたいという欲求を「4．顧客の利得」で示し、その解決方法を「5．顧客の悩み」に記載することで、関係性を明確化します。また、自社の製品やサービスの分析として、実現しようとしていることに「6．製品とサービス」を使い、実現することができるメリット（目的）を「7．顧客の利得をもたらすもの」で示し、それをどのように解決するのかという手段に「8．顧客の悩みを取り除くもの」を書くことで、目的と手段の観点で関係性を明確化します。

　最初から顧客が求めている姿（右側）と、自社が実現しようとしている製品やサービス（左側）を対比しながら記載するのではなく、それぞれの観点に集中して、別々にまとめたうえで、比較したほうが効果的に確認できます（図3-23）。

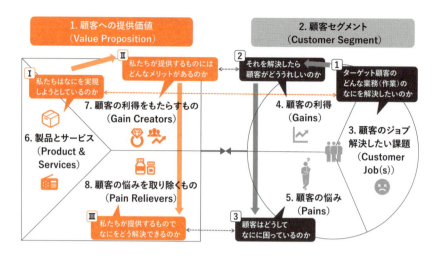

●図3-23 バリュープロポジションキャンバスの各領域の関係性

　ここまでが本来のバリュープロポジションキャンバスの活用方法ですが、3-3-5で説明した、マイナスから0の状態にしてくれるペインの解決と、プラスにまで引き上げてくれるゲインの違いを整理するために使うこともできます。

　顧客側の「5.顧客の悩み」には、「3.顧客のジョブ」を実施していくなかで、実際に障害になっていて、このように解決したいということまでを具体的に記載します。そのうえで、「4.顧客の利得」には、単なるソリューションの枠にとらわれず、顧客の心のなかにある「最終的にはこうなってほしい！」という欲求を書きます。

　自社側も「6.製品とサービス」を使ってもらうことで、ソリューションできるメリットである「8.顧客の悩みを取り除くもの」を記載したうえで、顧客が想定している以上の「Wow!」を感じてもらうイノベーションを「7.顧客の利得をもたらすもの」に書きます。

　このように、あえてペインとゲインを区別することで、顧客が求めるゲインと、自社が実現できるゲインがどんなことなのかを明確化します。それぞれ比較できることに合わせて、製品やサービスが他社にはない、独自性を持つ「Wow!」の要素を持っているかどうかの確認

もすることができます。

　もちろん、ソリューション型の製品やサービスでも独自性があり、他社にはない特長があれば高い価値が実現できます。また、顧客満足度の高い製品やサービスとして活用してくれるでしょうし、収益を生み出してくれるはずです。

　とはいえ、せっかくの新規チャレンジですので、少し目標を高く持ち、ユーザーが経験したこともないようなメリットを感じてもらい、市場で話題になるような画期的な新規製品やサービスを目指してみませんか！

事例
株式会社フルノシステムズ
〜サービスの関係性を可視化し、チームで共有〜

　フルノシステムズの分科会でも、大枠の仮説定義を検討したのち、SWOT分析などのいくつかのフレームを具体化して目指すべき姿が見え始めた段階で、バリュープロポジションキャンバスをまとめ、メンバーでディスカッションをしてもらいました。

　分析はある程度できているものの、前回に書いたように、ターゲットユーザーは身近な社員が対象ではなく、商品を買っていただくエンドユーザーです。右側の「顧客セグメント」については、とくに技術メンバーは記載するのに苦戦してしまう項目もありました。実際には仮説を定義したあとに、直接ユーザーに接する機会を作ることを計画していたので、そのときに再確認できる機会がありました。そのため、間違ってもいいので、これまで検討してきた内容を記載しながらディスカッションを繰り返しました。

　先ほど、「左右を対比しながら記載するのではなく、それぞれの観点に集中して別々にまとめたうえで、比較したほうが効果的に確認できる」という説明をしましたが、バリュープロポジショ

ンキャンパスにまとめ直すことで、左右それぞれ3つずつ、計6つの領域の観点で改めて検討することができました。とくに技術メンバーは、左側の「製品やサービス」の領域に入ると、これまでに蓄積した技術力や新しい技術に対する好奇心も強いため、新たなサービスを追加することもありました。

　ただ、それぞれの領域への記述と検討が終わった段階で、メンバーがしっくりこなかったことがあります。それは、それぞれのパーツの関係性です。バリュープロポジションキャンバスは、検討した仮説が6つの領域にあてはまっているかどうかを確認する目的と、それぞれの項目がユーザーの求めているものとマッチしているかどうかの関係性を確認します。メンバーがしっくりこなかったのは、関係性について確認ができていなかったからでした。そのためメンバーみんなで検討のうえ、それぞれの項目にあえて矢印をつけて、関連性が可視化できるようにして、再整理を実施しました。

　このように、基本テンプレートでも実際に使ってみると、自分たちで工夫できる点はいろいろあります。シンプルだからこそカスタマイズしやすいというメリットもありますので、大きく基本の考え方を変えなければ、議論のなかで工夫をしてみてください。

　これまで、新規事業／業務改革のためのアプローチステップの①から⑤までを説明してきました（図2-9）。仮説定義までのポイントと具体的なアクティビティの説明のなかで、紹介しただけでもいくつかのフレームワークがありました。それぞれを使いこなせるようになるには、何度も何度も繰り返し実践し、ノウハウを蓄積していくことが重要になります。ですが、1人で抱え込み、できあがったものをチームで行なうレビュー型ではなく、できる限りチームメンバーと一緒に議論しながら、知恵を絞り、チーム全体にノウハウがたまっていくように、「共創型」での推進を心掛けてください。

次章からは、定義できたその仮説を検証するための「仮説検証」について、推進のポイントと具体的なアクティビティを説明していきます。

●表3-7 ペインとゲインを意識する際によくある質問と対策

No.1	質問	ペインとゲインの両方を考える重要性はわかりましたが、実際にはどちらが重要なのでしょうか？
	対策	普段、みなさんは課題解決型の業務に接することが多いので、いろいろな面でペインを考え、解決するという習慣はできているでしょう。そのため、どうしてもペインを考えるほうがアイデアの量は増えるはずです。 もちろん、ペインもゲインも両方とも重要なのですが、新商品やサービスの創造、業務改革のどちらでも、既存の枠を超えた体験があれば、新商品なら他社に比べた優位性が実現できますし、業務改革なら作業を実施する人のワクワク感が増えるはずです。 「それって普通にあたりまえな状況になっただけだよね」ではなく、「すごい！ 新しい発見だ！」というユーザー感情につながるためには、やはりゲインが重要になります。 とはいえ、新しいゲインを考えることは推進側にはとても難しいことです。新しいということはまだ世の中にないものなので、ヒアリングなどでは見つかりにくい可能性もあります（見つかっていたら、その人がすでに実現しているでしょう）。 チームメンバーに「枠を超えていいですよ」「誰も考えてないことを考えるのでひらめきが重要」といったことを伝えたうえで、楽しくブレーンストーミングして、とにかくアイデアをたくさん集めてみてください。そのなかに、光る宝があるかもしれません。

第3章 目指すべきゴールの策定・共有によるビジョンの明確化 〜推進活動〜

No. 2	質問	バリュープロポジションキャンバスで、ユーザーの業務を分析し、ペインとゲインを考えています。アイデアは多数出せたものの、いろいろな方向に発散してしまい、かえってややこしくなってしまいました。
	対策	発散した原因ですが、右側の「顧客セグメント」があいまいになっていませんか？ あるいは、ペルソナを使ってターゲットユーザー像を絞り込む前に、バリュープロポジションキャンバスを使っていませんか？ そのような場合には、複数のユーザーでのペインやゲインで検討されていることによって、発散している可能性があります。また、発散するだけではなく、各項目が薄くなっていませんか？ まずは、ターゲットユーザーを絞り込み、目標となるペルソナをまとめてから再チャレンジしてみましょう。 仮説を検討し、定義するまでに活用するフレームワークは多数存在します。本書でもいくつか具体的なアクティビティとあわせて複数説明しましたが、よく使われる主要なフレームワークに限定していますので、実際にはほかにもたくさんあります。 なぜ複数あるのかというと、それぞれのフレームワークには違った目的があるためです。これまで仮説検討に取り組んできた人たちが、自分たちの検討のために作ったフレームワークが一般化され、広く定着したものも多いでしょう。紹介した以外のフレームワークも調べれば多数出てきます。それぞれの目的に適したフレームワークを使うことで、仮説定義に磨きをかけてください。

第4章

短いサイクルアプローチによる変化に適応した仮説検証 〜ベースの考え方〜

いますぐ知りたい 第4章の読みどころは？

> **未来を描く この章のエッセンス**
>
> みなさんの「Will」をユーザーに喜んでもらえそうな素敵な「仮説定義」としてまとめることができたら、いよいよ仮説が本当にユーザーにとって価値があるのかどうかを、自分たちでカタチにして、動かして確かめます。この章では、仮説検証を短いサイクルで実施することで、さまざまなメリットが生まれることを説明しながら、活動で大切にすべきポイントと現場で発生しがちな課題を考えてみます。

　新規ビジネス創造や業務改善の推進において、前半の「①市場調査（トレンド調査）」「②ユーザー調査」「③技術調査」「④組織評価」「⑤ビジネスモデル検討」での調査・分析・検討が完了し、自分たちが納得できる仮説が定義でき、推進を判断できる経営層などに承認をもらえれば、いよいよ「⑥プロトタイプ作成での仮説検証」のフェーズに移行します。

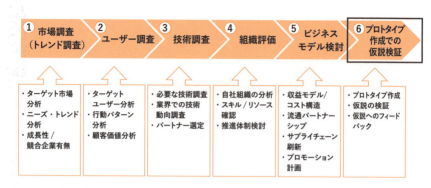

●図2-9 新規事業／業務改革のためのアプローチステップ（再掲）

新規チャレンジを推進するための3つの流れでいうと、いよいよ「③仮説検証」に移行します。

	① 理解と共感	② 仮説定義	③ 仮説検証
実施目的	変革の方向性を共有	実現内容を仮説として定義	仮説定義した内容を検証
完了判断基準	ステークホルダーやメンバーが変革方針に共感し、合意している	目指すべき姿が定義され、どのように実現するかが目標も含めて定義されている	定義された仮説の実証検証により、変革が確実に効果を出せる形で完成されている
おもな成果物	・自社における推進のねらい ・方針書 ・活動の背景となる基礎データ	・ビジョン／目標／戦略 ・現状分析結果 ・要求定義書 ・運用手順案	・検証実施計画 ・検証対象システム ・検証結果 ・フィードバック結果

●図1-1 新規チャレンジを推進するための3つの流れと活動（再掲）

　新規ビジネス創造や業務改善は正解のないチャレンジです。自分たちが納得できる、きちんとした根拠のある仮説が定義できたとしても、その仮説が正しいのかどうか、あるいは実際に市場や現場に導入したときにユーザーが価値を感じられる製品やサービスになっているのかなど、不安に感じる要素は多いでしょう。これらを実際に動作するプロトタイプ（最終形態に近い試作）として作成することで、検証を実施していくのが「⑥プロトタイプ作成での仮説検証」です。

　ただし、推進方法にもいくつかのポイントがあります。進め方を間違えると、想定以上の時間とコストがかかってしまう、あるいはいつまでも不安がぬぐえない状況が続いてしまいます。

　第4章では、事業改革を推進するためにコアとなる3つの軸の2つ目である「短いサイクルアプローチによる変化に適応した仮説検証」について、まずはベースとなる基本的な考え方を説明します。

●図4-0 新規チャレンジを推進するための3つの流れと章の関連

 未来をつかむ！いま知っておきたい戦略⑥
〜「プロトタイプ」の解釈にご注意を〜

　第4章では「プロトタイプ」というキーワードが頻出します。
　「プロトタイプ」とは、実際の完成品やサービスの前段階で作られる試作品やモデルを指しますが、非常にあいまいな表現です。その解釈の違いで、想定していないミスや課題が発生する場合もあります。もちろん、これら解釈に齟齬がないように、この章で細かく定義・説明していきますが、発生しやすい課題としては、「完成度の定義の違い」により、まだ試作品だからと評価を遠慮したり、逆に試作品でも最終製品と同じクオリティを出すべきという意見が出ることも多く、完成度の定義と共有には注意が必要です。また、そのプロトタイプでなにをどのように評価するのかといった「評価目的の違い」による検証の無駄なども発生しがちです。
　頻繁に使われるキーワードだからこそ、解釈に差が出るリスクがあることには注意が必要です。

4-1 短いサイクルアプローチによる仮説検証の推進

> **学ぶことが楽しくなる この節のエッセンス**
>
> 本書での「仮説検証」フェーズの基本となる推進方法は**「短いサイクルアプローチ」**です。定義した仮説を一定期間の短いサイクルで設計・開発・検証しながら、繰り返し実施していきます。
> この節では、具体的なキーポイントやアクティビティの理解を深めるための前知識を解説します。

4-1-1 なぜ仮説検証するの？

では、新規事業／業務改善のためのアプローチステップの最後「⑥プロトタイプ作成での仮説検証」について細かく考えてみましょう。

そもそも、なぜ新規ビジネス創造や業務改革では仮説検証が必要なのでしょうか？ これまで説明してきたように、どうしても新規チャレンジには正解がない不安があります。この不安に打ち勝つためのアプローチはシンプルで、頻繁に確認すればよいのです。それが仮説検証です。

「①市場分析」「②ユーザー調査」「③技術調査」「④組織評価」「⑤ビジネスモデル検討」の5つのステップ（図2-9）での調査・分析・検討によって設定した仮説は、あくまでもまだ仮説です。もちろん、さまざまな市場データや業界分析、ユーザーヒアリングなど、定量的に判断できる根拠はそろっていますし、実現する製品やサービスについても具体的な姿が定義されているはずです。ですが、この仮説を検証す

るために、実際に動くプロトタイプを作って検証していく必要があるのです。

仮説検証を実施するメリットはいろいろありますが、なかでもとくに重要なポイントが3つあります（図4-1）。

1. **ユーザーニーズに適合できているかの評価**
2. **問題点の特定と改善によるリスク対策**
3. **推進プロセス自体のブラッシュアップ**

●図4-1 仮説検証実施の重要ポイント

1. ユーザーニーズに適合できているかの評価

先ほど述べたように、仮説検証の大きなメリットは、定義した仮説に対してターゲットとなる市場に受け入れてもらえるのか、製品やサービス、または新しい業務プロセスを実際に使うユーザーに想定どおりの価値を感じてもらえるのか、そしてその結果、ターゲットとしている市場で需要があるのかを確認できることです。

机上でも確認ができそうですが、ドキュメントで想定するよりも、実際に動作するものをユーザー視点で使ってみたほうが、確実に価値を検証することができます。見た目や操作感だけではなく、操作が簡単でも思ったより動作が遅い、想定していた結果を引き出すことができないなど、実際に動作してみてこそわかる内容も多いのです。

また、プロトタイプとはいえ、実際に提供する状況と同じ動作ができているのであれば、一部の機能を実装できていなかったとしても、動いている機能については複数のユーザーに使ってもらうことで直接フィードバックしてもらうことができます。また、ユーザーからのフィードバックを収集・分析することで、ニーズに適合できているかどうかだけでなく、ニーズのばらつきや、使い方の違いによる満足度の差を確認することもできます。

2. 問題点の特定と改善によるリスク対策

ターゲットとしている市場やユーザーに適合しているかどうかを検証することで、仮説が正しかったという確証も得られます。その反面、いろいろな問題や課題を発見することも多いです。仮説検証の結果、予想外の課題が発生するとがっかりしてしまうこともありますが、失敗も重要な気づきです。課題が発生したことにより、仮説の問題点が浮き彫りになり、方向性を修正することができます。

問題点に対しては、プロトタイプの修正だけでなく、仮説自体の練り直しも含めた広い範囲での改善を実施し、ブラッシュアップしていきます。結果的に、仮説検証を実施するたびに、推進全体のリスク対策もできることになります。

3. 推進プロセス自体のブラッシュアップ

2.では、動作するプロトタイプでの検証による仮説自体に対するフィードバックでしたが、あわせて推進の進め方についても改善を実施することができます。

たとえば、仮説自体を修正する場合には、単に仮説を修正するだけではなく、その仮説を定義するために実施した調査・分析の進め方に問題があった可能性もあります。プロトタイプ自体に問題があった場合、開発の進め方に問題があったかもしれません。

仮説検証を実施して課題を発見したら、これまでの推進プロセスについてもメンバーと一緒にふりかえり、見直しを実施してください。

メンバーが考えた結果から、仮説自体の修正や、開発方法の修正を実施します。

4-1-2　短いサイクルで仮説検証を実施する

　ここで、少し考えてみてください。仮説検証によってこのような効果があるなら、仮説検証の回数が気になりませんか？

　仮に、みなさんの新規チャレンジに与えられた推進期間が1年だとしましょう。ビジョンを描き、「Will」を共有して、調査・分析・検討により具体化した結果、経営層に「よし！やってみろ！」と背中を押してもらうまでに3か月を費やしたとします。そこからプロトタイプ作成での仮説検証を開始するとなると、残りは9か月です。最後には市場提供や現場導入のための提供方法、プロモーション戦略の具体化などの作業が想定されるので、実際に仮説検証できる期間は約半年です。この半年のなかで仮説検証が2回しかできなければ、前述のメリットを受けることができるのは2回のみです。1回目の検証で推進プロセスの見直しができたとしても、せっかくの改善プランを活用できるのは1回しかありません。

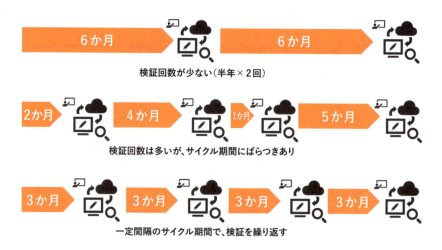

●図4-2　仮説検証サイクルが短いほうが検証回数は増える

つまり、仮説検証のメリットを効果的に活用するには、仮説検証を短い間隔で繰り返したほうが、より効果を発揮できるのです（図4-2）。

メリットを効果的に活用することとは別に、もう1つ「不安の解消」という面で心理的な効果もあります。

たとえば、プロトタイプを半年かけて開発したあとに、具体化した仮説に適合できているか、ユーザーに受け入れてもらえる製品になっているのかを確認することになると、推進しているメンバーも背中を押してくれた担当経営層も、「いま開発しているプロトタイプは本当に大丈夫だろうか？」という不安が半年間も続くことになります。不安を抱えながら長期間の開発を継続する場合、「Will」を意識したまま推進を続けるモチベーションをキープするのはなかなか困難です。

また、半年間でやっとできたプロトタイプを検証したときに、実際に想定していた価値を提供するには不足した状態であることがわかれば、そこから大幅な軌道修正が必要となります。場合によっては時間切れ、コスト超過で中断になってしまう可能性も考えられます。実現の可能性は残されているのに、泣く泣く断念するという悲しい状況を迎えてしまうことにもなりかねません。

そうならないためには、短いサイクルで数回にわたって仮説検証を実施し、細かい軌道修正をしながら進めていくほうが確実に成功する近道になります（図4-3）。

●図4-3 短いサイクルで進めることが成功の近道に

4-2 仮説検証で発生しがちな現象

課題

> **学ぶことが楽しくなる この節のエッセンス**
>
> 満足のいく「仮説定義」ができていても、それらをカタチにして、ユーザーが価値を感じてもらえるかどうかを検証していくには、いろいろなポイントやノウハウが必要となります。
> この節では、「③仮説検証」フェーズで起こりがちな失敗現象を6つ集めました。また、それらの失敗現象を第5章で説明する具体的な対策方法にもつなげます。よくあるアンチパターンから、仮説定義で失敗しないポイントをおさえておきましょう。

ここまで説明した内容で、描いたビジョンをもとに段階的な調査・分析・検討による仮説定義の方法と、短いサイクルでのプロトタイプを使った仮説検証のメリットは理解できたことでしょう。

とはいえ、短いサイクルでの仮説検証をやっているのに、なぜか失敗してしまうこともあります。そのときに発生しがちな現象と、その原因からアンチパターンを考えてみましょう。また、それぞれのアンチパターンに対する対応方法が、この章のどこに書かれているかもそれぞれの「現場で発生しがちな落とし穴と対策」の最後に記載してありますので、各節へのつながりもわかります。

●表4-1 本章でまとめている現象と対策

No.	現象	対策
1	定義した仮説の検証になっていない	それぞれの仮説の定義が検証で判断できる内容になっているか確認する

2	検証する範囲がばらつき、効果的な検証サイクルが回せない	「MVP (Minimum Viable Product)」を定義することからスタートし、徐々に範囲を広げていく
3	できる限り多く検証しようとして、仮説検証に時間がかかってしまう	なにを検証したいのか、そこからどんな効果を確認したいのかを明確にしつつ、その検証のために必要最低限な動作を決めていく
4	暫定的なプロトタイプで確認することで、ユーザー視点での価値評価が不足する	実際にユーザーが活用する最終形態に近い状態で検証をする、また検証する判断基準も最終に近い条件に設定していく
5	プロダクトの修正に集中してしまい、推進方法の改善ができていない	課題発生などで推進の余裕がなくなってきたとしても、きちんとチームでの「ふりかえり」を行ない、自分たち自身で改善につながる活動を実施する
6	リーダーからの指示中心で進められ、メンバーが受け身になってしまう	メンバー自身が未来を作っていると思えるチームにする

4-2-1 【現象①】定義した仮説の検証になっていない

　短いサイクルでの仮説検証を行ない、プロトタイプの確認を実施しているのに、単なる動作確認だけの検証になり、仮説の検証になっていないということが発生する場合があります。

　たとえば実際にプロトタイプを動作させて仮説を検証する場合、複数の観点でそれぞれ確認すべき内容があります（図4-4）。すべてを確認する必要はないかもしれませんが、その時点でなにを確認するかを決めて、検証を実施します。ですが、その際に動作が安定しているか

だけの確認になり、単なる動作テストになり、バグを見つけて指摘するという検証になってしまっているような状況です。

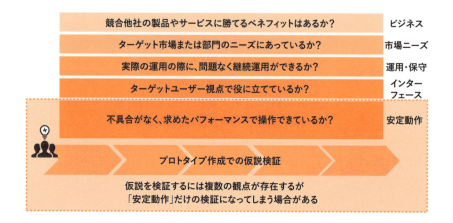

●図4-4 仮説検証で確認すべき複数の観点

現場で発生しがちな落とし穴と対策

　最も考えられる原因は、仮説の具体化が不足していることです。ここまで順に説明をしてきた段階的なアプローチステップ（図2-9）のなかで、不足しているステップがあるかもしれません。もしくは、ステップどおりに進めていたとしても、検討のためのフレームワークが見つからず、具体的な調査・分析の方法がわからないまま進めているということはないでしょうか？　図4-5に各ステップごとのおもな検証ポイントを整理してみましたので、確認してみてください。

　仮説検証は、あくまでも仮説に対する検証を実施し、そのギャップに対してデータを収集する、ユーザー視点でフィードバックを行なうことが目的です。ギャップを確認するための土台となる仮説があいまいだと、判断の根拠を定めることができません。

　たとえば、実際に活用するユーザーは普段パソコンを頻繁には

使わない現場なので、初心者でもわかりやすい操作画面になっていなければならないのに、仕様としてまったく考慮されてなかったり、評価の判断基準にも含まれていないといったことはありませんか？

つまり、検証するための判断基準がないまま検証を実施することになり、結果的に仮説検証にならないことが考えられます。もしくは、仮説自体は細かい根拠も含めて定義されているのに、検証段階で目先の動作確認に終始してしまうといったような、検証のやり方が薄くなっていることも考えられます。

仮説定義があってこその仮説検証です。それぞれの仮説の定義が検証で判断できる内容になっているかどうか注意してみてください。逆にいうと、検証できるレベルになっていることが、仮説が定義できているかどうかの重要な判断基準になっているともいえます。

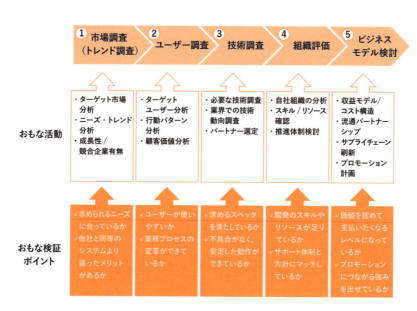

●図4-5 新規事業／業務改革のためのアプローチステップに対する検証ポイント

4-2-2 【現象②】検証する範囲がばらつき、効果的な検証サイクルが回せない

　少し極端に表現すると、「ひとまずできるところから検証してみよう！」とか、「実現しやすい機能から検証してみよう！」という開発者視点で仮説検証の実施順を決める、あるいは可能な限り検証できる内容を増やしたほうが早いといった勘違いにより、1回の仮説検証にたくさんの機能を盛り込んでしまうことがあります。結果的に、短いサイクルで回そうとしているのに、各検証範囲が極端にばらつくことになってしまいます（図4-6）。

　本来ユーザー視点で価値を仮説検証するはずですが、検証範囲がばらつくことで、カット＆トライな効果の出しにくいやり方になってしまう、推進に必要なリソースがばらつく、予想していない遅延が発生するなどで、効果的な検証サイクルが回らなくなります。

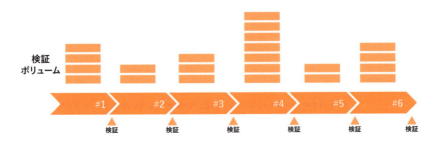

● 図4-6 それぞれのサイクルでの検証ボリュームがばらつく

現場で発生しがちな落とし穴と対策

　短いサイクルでの仮説検証には効果があるものの、1回の実証実験でなにをどのように検証するのか、ユーザーの実際の利用スタイルや環境に合わせて検証するのかなど、具体的な検証実施計画をきちんと考えなければ、検証作業が複雑化し判断がしにくくなります。

仮説検討段階で、いろいろなユーザーシーンでの活用法も検討するでしょうし、それぞれのシーン別にたくさんの機能を検討しているでしょう。ユーザーが多ければ多いほど、活用の仕方も変わってくるでしょう。想定されるパターンをたくさん考えておくことは非常に重要なので、これらの検討は間違ったことではありません。ただ、すべての機能が同じレベルの価値を出せるわけではありませんし、ユーザー数でも違いは出てきます。すべてのユーザーが必ず活用する機能や、特定のユーザーのみが活用する機能などのばらつきもあります。仮説が広範囲、かつ詳細に定義されているのは非常によいことなのですが、その分、検証を実施するための計画策定は難しくなります。

たとえば、製造現場DXの仮説を定義しているとします。最終的なゴールとして、複数のラインでも活用できたり、さまざまな作業員に対応していたり、今後の拡張を考えた機能を備えていたりといったように、詳細な部分まで機能定義されていた場合はどうすればいいのでしょうか。

定義された仮説から検証の計画を考えるときには、ユーザー数や想定される活用方法の違いを意識したうえで、ユーザーにとって最も小さい範囲で、最も大きい価値が出せる「MVP（Minimum Viable Product）」を定義することからスタートし、徐々に範囲を広げていきます。

すべて実現させてから検証するのではなく、そのなかで最低限に絞っても、一連の製造現場のDXの価値が検証できる機能に絞り込むのがMVPです。つまり、必要最低限の機能だけのプロトタイプを作って、ユーザーがどのように価値を感じられるかを評価します。その結果をフィードバックしながら、少しずつ機能を追加して、開発と改善を継続していくという流れです。

このようなユーザー価値を意識した仮説検証のシナリオがないまま、カット＆トライで開発・検証を継続していくと、せっかく

> 短いサイクルで実施している仮説検証の効果が出にくく、全体像が見えにくい検証になってしまいます。
>
> 　これらの対応については、第5章5-2-3「サイクルプロセスを計画する」で詳しく説明します。

4-2-3　【現象③】できる限り多く検証しようとして、仮説検証に時間がかかってしまう

　現象②で説明したように、仮説定義に時間をかけて細かく設定すればするほど、プロトタイプで検証したい内容は多くなります。もちろん、その状況はよい傾向であり、それだけ判断すべき根拠がそろっている証拠でもあります。しかしその分、仮説検証をどのように進めていけば効率的なのかが推進の鍵となるため、検証のための計画を作っておくことが重要になります。

　このような状況でついついはまってしまうのが、計画を重視するあまり、1回の実証のなかで検証する項目を詰め込みすぎてしまうことです。より多くの項目を検証できたほうが、推進効率を上げることができるのではという誤解から、このような計画になりがちです。検証する項目は単品で確認できるように思えても、実はそれぞれの項目が関連して、相互に影響をおよぼしていることが多いものです。そのため、プロトタイプとして作り上げる時間もかかりますし、関連している項目をすべて作り上げてからでは、作業自体も複雑になることがあります。結果的に、仮説検証ができる状態になるまでの時間が長くなり、逆に推進が停滞してしまう危険もはらんでしまいます。

　具体化した仮説定義をできるだけ詰め込んで検証しようとして、かつ、計画重視になっている場合は、陥る可能性が高い課題であるともいえます。

現場で発生しがちな落とし穴と対策

　仮説定義が完了した時点で、より細かい機能を整理するために、ユーザーが実現したいことを具体的にまとめた「要求定義書」を整備することも多いでしょう。

　ここで架空の事例として、DXを活用した製造現場の効率アップを考えてみましょう。

　効率アップのために、現場の作業員に小さな端末を持ってもらい、指示が入ってから作業を開始し、作業が終わるまでの位置情報を収集します。つまりこれは、作業をより効率的に実施できる現場環境を構築するための「作業員の位置情報を収集した作業の効率化」が目標の情報収集・分析システムです。

① **作業員情報の事前登録**：事前に作業員の各種情報を登録しておく
② **作業開始時ログイン**：日々の作業開始時に端末からシステムにログイン
③ **位置情報取得開始**：作業指示が入力されると作業員の位置情報の取得が開始
④ **作業と位置情報を蓄積**：各作業と位置情報をリンクしながら情報蓄積
⑤ **収集完了後自動データ分析**：作業完了と同時に収集を完了させ、自動データ分析を行なう
⑥ **作業完了後レポート作成**：全作業員の作業が終わったらレポートを自動作成する

といった各機能が要求定義書に細かくまとめられています。
　このシステムを仮説検証する場合、図4-7にある2つのパターンが考えられます。

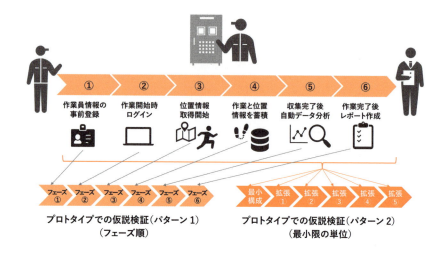

●図4-7 システムを仮説検証する場合のパターン

> パターン1：①〜⑥の各機能をそれぞれのフェーズに分けて順番に仮説検証を行なう
> パターン2：①〜⑥の機能を最小限に絞り込み、①〜⑥をすべて一気通貫に仮説検証を行なうことを繰り返す

　システムを構築する視点で考えると、どうしても、一つひとつの機能を完成させていきたいという思いが生まれます。そのため、比較的パターン1を選択してしまうことが多いのではないでしょうか？

　もちろん、パターン1でもそれぞれの機能について仮説検証はできます。しかし、一つひとつの機能の完成度も重要ですが、今回のDXによる製造現場改革の最終的な目的は「現場が効率的に運用されること」です。そのためには、実際に現場が効率的に動くかどうかをできる限り早めに検証したくなりませんか？

　そう考えると、パターン2のほうが効率化の効果を実感できます。作業に入って完了するまで、どのようなデータが収集・蓄積され、なにが判断されるのか、どのようにデータが自動分析され

るのか、どのように可視化されると的確に情報を確認することができるのか、それぞれを一気通貫に確認しながら、いろいろな試行錯誤を繰り返し、効果を高めていくほうが、結果的に早く仮説の検証ができます。

ただ、一気通貫に確認するためには、要件定義書の①〜⑥それぞれの機能を必要最低限動作させていく必要があります。実は、これらの必要最低限動作させる設計をすることが難しいのです。そのため、ついつい断念してしまい、パターン1を選択してしまうという理由もあります。

ここで1つの例を考えてみましょう。

①「作業員情報の事前登録」を考えた場合、作業員個人を特定するためのいろいろな情報を登録する必要があります。要求定義書には、最終的なデータ分析をするために、指標となる多数の情報を登録しておくことが考慮されているでしょう。

たとえば、社員番号、氏名、所属部署、役職、入社日、業務履歴、メールアドレス、電話番号など多くの情報が対象になります。それぞれの情報には利用目的が決まっているはずなので、無駄に登録する項目はないはずです。ただ、①〜⑥を一気通貫に動作させ、実際に作業開始から終了までの作業員位置情報を収集・分析し、データをレポートするまでに必要な必要最低限の作業員情報は、社員番号と氏名だけです。もしかすると、個人を特定するための社員番号だけでもいいのかもしれません（図4-8）。

このように、なにを検証したいのか、そこからどんな効果を確認したいのかを明確にしつつ、その検証のために必要最低限な動作を決めていければ、ユーザー視点での価値を早めに確認することができます。

このような、できる限り多く検証しようとして、仮説検証に時間がかかってしまうという問題に対する具体的な対策アクティビティとしては、【現象②】で説明したMVPを設定することです。

最も小さい範囲で、ユーザーが価値を実感できる状態を定め、その内容を仮説検証を繰り返し、検証する範囲を広げていくことで、効率よくユーザーの価値を検証することができます。

●図4-8 検証のために必要最低限な動作を絞り込む

詳しいアクティビティは第5章5-2-3「サイクルプロセスを計画する」で説明します。

4-2-4 【現象④】暫定的なプロトタイプで確認することで、ユーザー視点での価値評価が不足する

　現象③の逆のパターンでの失敗も考えられます。早めに検証を実施しようとするばかりに、ひとまず確認できるレベルで仮説検証を実施してしまう場合です。
　たとえばITシステムでの仮説検証の場合、ユーザーの操作感を検証したいという目的を重視し、処理部分は最小限にして、見た目の操作画面のみをプロトタイプとして作成し、画面デザインや操作手順のみを検証しようとすることがあります。確かに操作感は確認できるかもしれませんが、最終的にシステムができあがったときに、想定以上

に表示に時間がかかってしまうような処理になっている、表示テキストの内容によってユーザーが感じる感覚が違っているなど、総合的なインターフェースとしてのばらつきが発生してしまうことも考えられます。

現場で発生しがちな落とし穴と対策

上記の失敗パターンを少し具体的に考えてみましょう。

仮説検証で価値を確認する場合、やはり直感的に確認できるのは操作画面などのユーザーインターフェースです。見た目で確認できるのは、わかりやすいからです。

そのため、「まずはユーザーが実際に操作する画面だけを先に見せてほしい」というリクエストは発生しやすい傾向にあります。ただ、開発の経験がある方なら、ユーザーインターフェースは開発全体領域と比較すると氷山の一角にすぎないことは重々承知しているでしょう（図4-9）。

ユーザーインターフェースは単なるユーザーからのインプットにすぎず、インプットがあれば、そこにシステムでの処理が発生します。たとえばWebシステムで画面を作ったとして、先ほどの事例にあった作業員登録をする画面のユーザーインターフェースのみを作ってみたとしましょう（処理はあとから追加するという条件で、項目の選択と入力ができるレベル）。見た目ではどのような項目が登録できるのか一目でわかりますし、配置や文字の大きさもわかるので、それらの確認はできるでしょう。ただ、所属部門を選択したときに、部門ごとに定義された役職が違うために、専用のデータベースから役職一覧を取得するなどの処理を追加する可能性もあります。

これらの処理は一見簡単そうに見えて、実際に処理を追加してみると、思った以上に処理時間がかかってしまうことがあります。つまり、処理が追加されていないユーザーインターフェースだけの確認の場合、筆者自身の経験則だと、10～30%程度の検証し

かできないと考えます。もしもそのあとに、本番環境レベルのシステムが完成したとして、それまでに発生する課題も多数あるはずですので、かえって手戻りが増えてしまう可能性もあります。

仮説検証を短いサイクルで実施することで検証の頻度が高くなっていても、一つひとつの検証を暫定的にこなしていると、結果的に手戻りが多くなってしまいます。また、修正・確認の頻度が高くなってしまうため、トータルで判断すると、早く回っているようで、実は想定している以上の時間がかかることが考えられます。また、定義した仮説に対してフィードバックして仮説自体を修正する必要がある場合に、必要のない修正まで行なってしまうリスクもあります。

この課題の対策としては、実際にユーザーが活用する最終形態に近い状態で検証をすることと、検証する判断基準も最終に近い条件に設定していくことです。

具体的なアクティビティは5-3「**キーポイント2** 動くものでユーザー価値を検証する」で説明します。

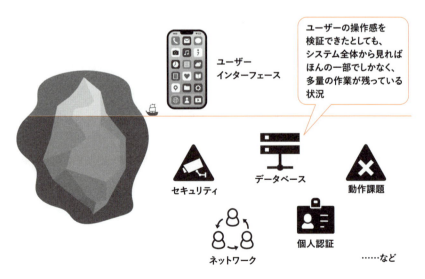

●図4-9 ユーザーインターフェースだけ見たいという要望対応でのリスク

4-2-5 【現象⑤】プロトタイプの修正に集中してしまい、推進方法の改善ができていない

　仮説検証を実施したものの、仮説で想定していたとおりの価値が実現できておらず、仮説定義から見直す必要がある、またはほぼ想定どおりの動作が実現できているものの、プロトタイプでの細かい修正が必要になることも多いでしょう。その場合には仮説の練り直し、あるいはプロトタイプの修正に着手することになるのですが、それらを作り出したプロセス自体も見直さなければならないことがあります。また、仮説を設定した分析方法に問題があるときには、類似した分析によって定義したほかの仮説定義にも影響がある場合があります。たとえば、検証結果を確認してみると、ユーザーの業務分析が一部不足していたり、解釈が間違っていることがわかった場合は、業務分析の方法や解釈の仕方をもう一度洗い出す必要があります。

　しかし、これらは決してミスではありません。新規要素の多い業務改革でのアプローチとしては、既存の業務を分析するわけではなく、そこから新しい業務のやり方を想定しながら進めていくので、よく発生する内容です。「仮説検証をしたことで発見できた！」というプラスの思考で、関連する仮説定義を見直してみてください。

　同じように、プロトタイプ開発においても、想定していたユーザー価値を実現できなかったのは、仮説定義からプロトタイプの設計をしていく過程におけるプロセスで間違ってしまったということも考えられます。この場合は、設計・開発プロセスの見直しが必要です。

　つまり、仮説検証やプロトタイプなどの成果物に問題があるだけではなく、成果物を作り出すプロセスに問題がある場合もあるわけです。成果物自体を修正することばかりに集中してしまうと、プロセスを改善する機会が少なくなり、同じようなミスが繰り返されてしまう危険性があります。

現場で発生しがちな落とし穴と対策

　開発経験がある方や、開発チームと一緒に活動する方なら経験があると思いますが、開発がしばらく進んでいくと、チームとしてのペースができてきて、スピードアップすることもあれば、逆にいろいろな課題が発生することでしだいに余裕がなくなってくることもあります。

　どちらも開発に集中していることには間違いないのですが、どうしても忘れてしまうことがあります。それが「プロセス」です。プロセスと書くと難しく感じてしまうので、簡単に、チームでの「段取り」と考えてください。仮説検証のために仮説を理解、設計し、プログラムを書いて、テストをする。この一連の活動をするために、チームで計画を書いて、それぞれの作業を誰がどのように進めていくかの「段取り」を考えてから始めることでしょう。

　ただ、開発に集中して、目の前の作業の達成感や発生した課題への対策を考え始めると、せっかく考えた段取りを、もう決まっているものとして淡々とこなすようになってしまいがちです。開発がうまくいっているのであれば、それらがなぜうまくいっているのか、逆に課題が多発しているのであれば、なぜ課題が多発してしまうのか、もう一度、段取りに立ち戻ることが得策です。

　筆者自身も開発マネージャとして推進しているときに、本来はチームメンバーの作業を客観的に俯瞰しつつ、かつ詳細も確認しつつ、段取りと照らし合わせながら立て直すことがメインミッションのはずなのに、チームメンバーの残業が増え、メンバーへの気遣いや課題への対応方法を一緒に考え始めると、段取りの確認時間が少なくなってしまった経験が多々あります。こうなると、さらなるスピードアップが必要になり、品質向上につながりにくくなります。

　課題発生が多発している場合は、なぜか同じような課題の発生が連続するリスクもあり、根本的な解決ができないという落とし穴にはまってしまいます。原因を単純に考えると、開発に集中し

てしまうと、その分、チームメンバーのコミュニケーションが少なくなる傾向にあるからです（課題対策時の検討打合せは除く）。コミュニケーションが少なくなると、どうしてもみんなで段取りを考える時間が少なくなります（図4-10）。先に書いた筆者自身の体験でもその状況に陥ってしまい、なんとか開発は間に合わせましたが、段取りの改善は止まってしまいました。

対策としては非常に簡単です。チームでの「ふりかえり」の時間を確保するだけです。開発サイクルの区切りに1回10分でも15分でも大丈夫です。とにかくみんなで考え、意見を出し合い、段取りをふりかえる時間を作ってみてください。

とくに仮説検証での開発は新しいチャレンジが多く、不安要素や予想していない課題が発生するリスクは高くなります。そんなときだからこそ、一度立ち止まって、チームでふりかえってみましょう。

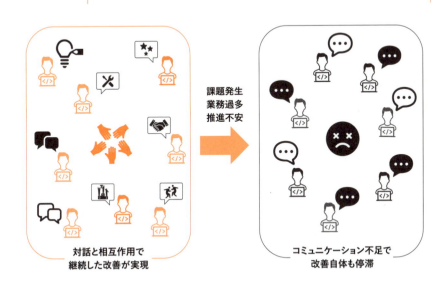

●図4-10　コミュニケーション不足でメンバー同士の相互作用が停滞してしまう

仮説やプロトタイプの修正が必要なことは直接感じることができるため、どうしてもその修正に集中してしまいますが、それらを作り出したプロセス自体もチームで確認する機会を作り、根本的な改善を実施するほうが近道です。プロセスを改善すること自体が、チームのスキルやノウハウを成長させることにつながります。木を見て森を見ずということにならないように、根本的な進め方自体を改善する機会を意識するようにしてください。

　この課題に対する具体的な対策アクティビティは、5-2「 キーポイント1 　短いサイクルに合わせた段階的な推進計画を作る」で説明します。

4-2-6 【現象⑥】リーダーからの指示中心で進められ、メンバーが受け身になってしまう

　仮説検証サイクルのなかで、ついついリーダーがマイクロマネジメントになり、タスクや進捗状況を細かくチェックしてしまうことがあります。結果的に推進メンバーやステークホルダーが受け身になってしまい、コミュニケーション不足になるばかりか、自主性も発揮できなくなります。

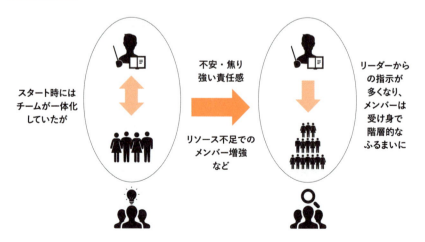

●図4-11　チームの一体感は崩れることもある

もともと正解のない状況のなかで進める新規チャレンジのため、できる限り活発に議論を重ね、メンバーからのアイデアや工夫でブラッシュアップを目指すべきです。判断が必要なときにも衆知を集めて、可能な限り全員が合意した形で進めたいのですが、リーダーの指示が中心になってしまうと、そのような進め方にならなくなってしまいます（図4-11）。

現場で発生しがちな落とし穴と対策

　これまで培ってきた会社の文化や風土が影響したり、リーダー自身が強い責任感に引っ張られてしまうなどで、知らず知らずのうちに指示中心の推進になる場合があります。あるいは、時間が経つうちに最初に議論・共有したはずの「Will」を意識しなくなることで、目先の作業だけに目が行き、推進チームの議論が「目指すべき未来（Will）」ではなく、「こなすべきこと（Must）」が中心になってくることで、チームの雰囲気に影響されたリーダーがタスク消化に専念し、指示型になってしまう場合もあります。

　もちろん、いまやるべきことを実現できなければ、未来を形にすることはできません。ただ、いまと未来の両方をバランスよく意識し続けることで、メンバー自身が未来を作っていると思えるチームになることが重要です。

　この問題は、推進全体に大きく影響する内容であり、先に述べた2つの現象にも影響している可能性があります。

　これらの対応については第6章で説明します。

　ここまで、新規ビジネス創造や業務改革の取り組みに対して、なぜ短いサイクルでの実証実験が必要なのか、実践するうえで発生しがちなアンチパターンと原因の説明をしてきました。

　新規チャレンジの前半の仮説定義も非常に重要なフェーズですが、後半の仮説検証フェーズも同様です。時間をかけて調査・分析・検討してきた仮説を実際に形にし、本当に仮説が正しいかどうか、自分た

ちの考えた製品やサービスや新しい業務でユーザーに価値を感じてもらえるのかをきちんと評価・判断し、自分たち自身の進め方についても評価・改善することが、新しい推進を加速するためのベースの原動力になります。

次章では、これらの課題について、どのように対応していけば課題が発生しにくくなるのかといった具体的なアクティビティを順番に確認していきます。

 未来をつかむ！いま知っておきたい戦略⑦
〜コミュニケーション活性化を目指す「朝会」のススメ〜

　アンチパターン紹介の後半はチームのコミュニケーションの話題が多くなりました。チームでのコミュニケーションについては、次の第5章、最後の第6章でも多数取りあげますが、ここでは、効果的なコミュニケーション活性化のやり方を紹介します。
　それが「朝会」です。読み方は「あさかい」です。「朝礼」ではなく、もっと気さくな朝の定例行事です。
　チームの朝ミーティングはいろいろな形で実施されているでしょう。仕事のスタートで襟を正す時間というイメージも強いのではないでしょうか。それも大事なのですが、チームのコミュニケーション活性化を目指すためには、逆に、楽しい時間、笑顔が増える時間にしてください。
　イメージ的には、スポーツの試合などを始める前にチームで円陣を組んで「ファイト！」と叫ぶ感じです。「今日も一日一緒に頑張るぞ！」「笑顔でファイト！」とチームでスタートをきれる朝会が実現できれば、必然的に話しやすく、協力的な1日を過ごせるはずです。
　朝から固い進捗会議になっていないか、いま一度、見直してみてはいかがでしょうか。

第 5 章

短いサイクルアプローチによる変化に適応した仮説検証
〜推進活動〜

いますぐ知りたい第5章の読みどころは？

> **未来を描く この章のエッセンス**
>
> ここまで、仮説検証を短いサイクルで実施することで、さまざまなメリットが生まれることを理解いただき、現場で発生しがちな課題にも触れていきました。いよいよこの章からは、短いサイクルでの仮説検証を実施するための具体的な進め方を説明します。仮説検証の効果的な実践方法を身につけ、検証のエキスパートへとステップアップしましょう。

　本章では、第4章でベースをおさえた「短いサイクルアプローチによる変化に適応した仮説検証」について、実際の現場での活動を推進するうえで、失敗しないための実践ポイントと、具体的なアクティビティを考えてみます。

　第3章と同様に、活動のためのキーポイントと、キーポイントに紐づくアクティビティを具体的に説明していきます。「短いサイクルアプローチによる変化に適応した仮説検証」を実現するためには、3つのキーポイントがあります。それぞれ詳細を見ていきましょう。

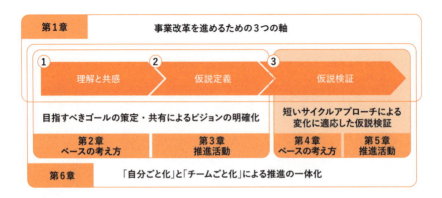

●図5-0 新規チャレンジを推進するための3つの流れと章の関連

5-1 短いサイクルの仮説検証のためのキーポイントとは？

> **学ぶことが楽しくなる この節のエッセンス**
>
> 短いサイクルで「仮説検証」フェーズを進めることは理解できたものの、どうやって進めればいいのでしょうか。**「計画する」**→**「検証する」**→**「ふりかえって改善する」**の繰り返しを基本に、3つのキーポイントを設定します。それぞれのキーポイントの目指すものをとおして、「仮説検証」フェーズを成功させる確率アップを目指しましょう。

　新規ビジネス創造や業務改善のどちらにおいても、ITシステムを活用する場合がほとんどなのではないでしょうか。とくにDXは、名前のとおりデジタル化が鍵となります。デジタルデータを活用した業務の可視化や、蓄積されたデータ分析から新たなユーザー価値を創出するというアプローチが多いでしょう。

　ここからは、おもにITシステムをプロトタイプとして作り上げ、仮説を検証していく進め方を中心に、実戦でのポイントやアクティビティを説明していきます。

5-1-1　3つのキーポイント

　仮説定義を形にするために必要な3つのキーポイントは次のとおりです（表5-1）。

1. 短いサイクルに合わせた段階的な推進計画を作る
2. 動くものでユーザー価値を検証する
3. プロセスを継続的に改善する

　これらの3つをおさえておけば、仮説検証を成功させる確率は確実に向上します。
　では、それぞれの3つのキーポイントを具体的に確認していきましょう。

●表5-1　3つのキーポイントと目指すべき姿

No.	キーポイント	詳細
1	短いサイクルに合わせた段階的な推進計画を作る	短いサイクルを実施するためのプロセスと検証のための目標を計画できている
2	動くものでユーザー価値を検証する	実際に動作するもので仮説検証を繰り返し、定義した仮説を早く確実に確認できている
3	プロセスを継続的に改善する	チームでの推進方法、コミュニケーションなどが継続して改善されている

　3つのキーポイントそれぞれの目指すべき姿を意識しながら、確実に実施することで、よりスムーズな推進につながります。それぞれのキーポイントが対象となる時期と関係性を図5-1に示しました。
　仮説検証を開始する前の計画段階でキーポイント1を活用し、仮説検証を実施する際のキーポイント2、チームとして推進するためのキーポイント3という関係になります。
　ではそれぞれの詳細を確認していきましょう。

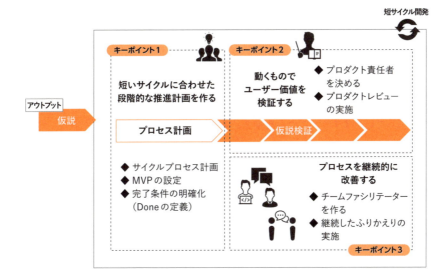

●図5-1 短いサイクルでの仮説検証におけるキーポイント

　仮説検証では、大きなプロダクトを作って、まとめて検証を実施したほうが効率的に思われるかもしれませんが、新規ビジネス創造や業務改革では不確実な要素も大きく、その分、課題や変更要求が多発するリスクがあります。そのため、可能な限り小さな範囲に絞り込み、できる限り手戻りを起こさないように、段階的に進めていくアプローチのほうが、結果的には早い段階で検証が実施でき、仮説の修正も含めたフィードバックがしやすくなります。このように小さく段階的な短いサイクル推進プロセスを構築していく初期計画を策定するのが「キーポイント1」です。

　次に、これらの短いサイクル推進プロセスを実際に推進し、価値の検証を行なうのが「キーポイント2」です。実際に本番に近い状況で動作できるシステムやプロダクトを構築し、定義した仮説と比較しながら、ユーザー視点で価値を検証していきます。このときに重要になるのが、チーム全体で検証し、議論はしていくものの、最終的に判断ができる「プロダクト責任者」がいることです。また、プロダクト責

任者と一緒に、どのような観点でどのように検証していくのか、チームとしてのぶれない判断軸を定義しておく必要もあります。

最後に「キーポイント3」ですが、これはキーポイント2が完了してからではなく、キーポイント2と並行して推進することになります。実現するためのシステムやプロダクトについては短いサイクルで検証を実施していきますが、これらを推進していくチーム自身も継続的な改善を実施していきます。

5-1-2　ふりかえりによるチームの改善

これまでに説明してきたように、仮説定義の段階で「自分ごと化」「チームごと化」を目指して推進してきましたが、チーム重視の考え方は仮説検証が開始されたからといって終わりではありません。仮にシステムやプロダクトの開発が専門家チームに委託されたとしても、推進全体でのチーム感を大切にしていくことに変わりはありません。仮説検証が完全に終わって反省会として最後に見直すのではなく、短いサイクルごとにチームの活動のふりかえりを実施していくことにより、システムやプロダクトの価値検証だけではなく、チームでの推進の仕方やコミュニケーションの活性化についても、短期間で効果的な改善を継続することができるのです。

価値あるシステムやプロダクトができたとしても、それらを活用して現場の業務改革や新規事業として成功させるには、これらを推進していくチームとしての改善活動が欠かせません。せっかくの仮説検証期間ですので、チームとしての推進プロセスについても改善を実施し、本番環境に突入したときにスムーズな運用が実現でき、組織としても成長を続けられるような推進プロセスを構築していきましょう。

それぞれのキーポイントには実現するためのアクティビティがあります。より詳細に見ていきましょう。

5-2 短いサイクルに合わせた段階的な推進計画を作る

キーポイント1

> **学ぶことが楽しくなる この節のエッセンス**
>
> 1つ目のキーポイント「**短いサイクルに合わせた段階的な推進計画を作る**」を使いこなす技を身につけます。
> 製造現場でのDX事例を使いながら、どのようなサイクルに分解するのか、なにを検証することに注力するべきなのかといった計画策定に関する実践方法を3つのアクティビティを使って説明します。
> どのように計画するのか、その計画にするとどんなメリットがあるのかを考えながら、「仮説検証」をスムーズに進めるための準備を固めます。

　仮説を検証していくうえで重要なのは、ユーザー価値の重みづけが大きなものから検証を実施していくことです。かつ、1回の仮説検証に多くの機能を詰め込むのではなく、できる限り小さく検証できる範囲を見極め、開発・検証を実施し、ユーザーにとって価値があるかどうかを確認します。検証が終われば、その次に重みのある範囲を選択・追加し、開発・検証を実施するという流れを繰り返すことで、全体的に小さく始めて、どんどんステップアップしていくというアプローチを目指します。つまり、Small Step Upです。

5-2-1　全機能を一気通貫につなげて検証

　たとえば、第4章4-2-3で説明した「【現象③】できる限り多く検証

しようとして、仮説検証に時間がかかってしまう」のように、仮説定義が詳細に要求定義書として記載されていたとしても、それらを大きな機能ごとに開発・検証していくのではありません。それぞれの機能を細分化して、その時点でユーザーが必要としている必須部分だけに絞り込み、すべての機能を一気通貫につなげていくイメージです。

　現象③での「作業員の位置情報を収集した作業の効率化」の事例を使って、もう少し具体的に説明してみましょう。

　6つの機能を個別に開発して検証していくというパターンが、図5-2の左側の検証の流れです。この場合、少なくとも5つ目の「収集完了後自動データ分析」まで待たなければ、製造現場で作業員の位置情報からなにが発見されるのか、データとして活用できるかどうかはわかりません。これを右側の検証パターンにすると、各機能を最低限に絞りつつも、1つ目の「作業員情報の事前登録」から、6つ目の「作業完了後レポート作成」まで一気通貫で検証することができます。作業員の作業から位置情報を収集でき、なにが見えるのか、作業の効率化につながるのかを早期の検証から評価できるのです。

●図5-2　必須部分を絞り込み、全機能を一気通貫につなげていく

　もう1つ、一気通貫に開発・検証を実施していく理由は、ユーザーへのリリース判断を早めに実現できるメリットがあるからです。それぞれの検証サイクルでは、定義した仮説に対して、暫定的に開発し

て確認するのではなく（第4章4-2-5「現象⑤」を参照してください）、最終的に実際にユーザーに提供できるレベルで、確実に検証することを目指します。このことにより、検証ごとに実用レベルのシステムが構築されていくことになりますが、仮説定義で描いたすべての機能を提供したほうがよいのかどうかは検証してみなければわかりません。もしかしたら検証している途中段階の機能で、十分ターゲットユーザーが満足してくれるかもしれません。あるいは、競合企業の類似製品やサービスに比べ、間違いなく差別化された独自性を持っているという判断ができるかもしれません。そうなると、すべての機能を開発して提供するよりも少ないコストで、製品・サービスを市場に提供開始でき、提供後の保守・運用コストも減らすことができます。

5-2-2　製品の提供形態までも変革できる

　筆者が担当したデジタルカメラの新機種開発での事例を1つ紹介しましょう。非常に斬新で、他社が実現していないトップレベルの映画製作のプロのみが使う機能がありました。いろいろな原因で、この機能を実現するには時間がかかっていましたが、そのときの経営判断は、できあがっている機能までを先に発売し、対象の機能をあとからオプション化して有料アップデートするというものでした（図5-3）。

　これまで、製品発売後に有料オプションを販売する事例はなく、販売ルートや手続きなども変更が必要な取り組みではありましたが、ほんの一握りのプロしか使わない重要な機能であったからこそ、販売してもほとんどのユーザーには影響がありませんでした。また有料オプション化することで、発売後の保守・運用でも明確に切り分けができるため、スムーズな対応ができました。最も効果があったのが、これまで売り切り販売だったデジタルカメラが、購入後もアップデートが可能になったことを新しく認知してもらえたことです。

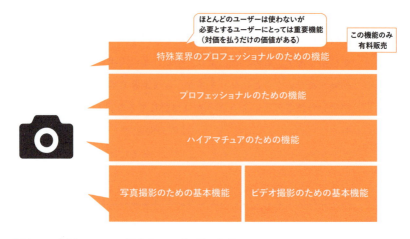

●図5-3 デジタルカメラの機能をユーザー別に分類

　このように、ユーザーが求めているニーズを見極めていくためにも、<u>機能を1つずつ積み上げていくより、必要最低限で一気通貫に動作するレベルで検証を繰り返すほうが、確実に実用レベルの見極めができます。</u>

これからの製品提供のカタチが変わる！

●図5-4 製品の販売方法も変化してくる

いまとなっては、サブスクリプションという販売方法があたりまえに認識されるようになりましたが、この事例はほぼ同様の考え方であるといえます。このような理由からも、仮説検証の推進は、小さく、段階的な短いサイクルで進めていくべきなのです。これらの取り組みによって、効果的に仮説検証を実施できるだけにとどまらず、図5-4のように、これからの製品提供のカタチを変える可能性を秘めています。「ものづくり日本」を「ことづくり日本」に発展させるためにも、みなさんにぜひ実践してほしい内容です。

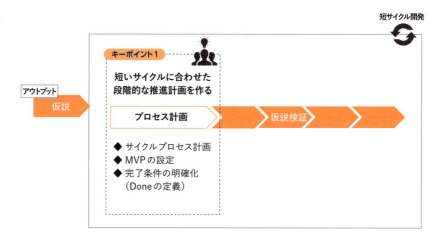

● 図5-5　キーポイント1　短いサイクルに合わせた段階的な推進計画を作る

　次に、一気通貫で積み重ねていくために、どのように検証ターゲットを定めていくのかを、さらに細かい活動方法に落として考えてみましょう（図5-5）。キーポイント1の「短いサイクルに合わせた段階的な推進計画を作る」において、正しく計画を策定するためには、

① **サイクルプロセス計画**
② **MVPの設定**
③ **完了条件の明確化（Doneの定義）**

の3つのアクティビティがあります。

●表5-2 キーポイント1でのアクティビティ

キーポイント1	詳細
短いサイクルに合わせた段階的な推進計画を作る	短いサイクルを実施するためのプロセスと検証のための目標を計画できている

	内容	詳細
アクティビティ①	サイクルプロセス計画	一定期間の仮説検証の繰り返しを計画
アクティビティ②	MVPの設定	最小限で最も価値のあるプロダクトの設定
アクティビティ③	完了条件の明確化（Doneの定義）	各サイクルでの品質面での定義

　いままで、システム開発にかかわらず、なにかのテーマの検討ワーキンググループや、新規取り組みの立ち上げなど、なんらかのプロジェクト計画を立案した経験がある方も多いでしょう。基本的なプロジェクトマネジメントの要素はそのまま活用ができるので、プロジェクト推進メンバーをそろえて、役割や担当決めなどの体制を考える、それぞれのメンバーの推進タスクを設定してWBSを作る、ミーティングや課題管理などのコミュニケーション計画を考える、発生しそうなリスクを抽出してリスク対策を考えるなど、プロジェクト計画での各検討については、これまでの経験で培ったノウハウを活用してください。

　そのうえで、小さく段階的な短いサイクルでの推進を考える場合は、一定間隔で繰り返しができる時間軸の設定（サイクルプロセス計画）を、重点的に考慮する必要があります。また、いままでのプロジェクト計画とは少し違い、達成すべきシステムやプロダクトを必要最小限に設定すること（MVP設定）と、設定したMVPを毎回のサイクルで品

質を担保するための完了条件（Doneの定義）が必要となります。

では、これらの正しく計画を策定するための3つのアクティビティについて、具体的に考えてみましょう。

5-2-3　サイクルプロセスを計画する

まずは1つ目のアクティビティ「サイクルプロセス計画」について説明します。短いサイクルの繰り返し開発を進めていく際には、単純に短いだけではなく、一定間隔の短いサイクルで仮説検証を進めることで、違った効果を引き出すことができます。

では、一定間隔の短いサイクルがバラバラの間隔での検証となにが違うのか、どのような効果があるのかを細かく考えてみましょう。

たとえばみなさんに、仮説検証の確認期間が約半年与えられていたとしましょう。プロジェクトメンバーは定義された仮説からプロトタイプを作って検証すべき機能をリストアップし、それぞれの開発に必要な工数を見積もります（図5-6）。このような場合、見積りが終わった段階で開発すべき機能に優先順位を決めて、仮説検証サイクルを決めるというアプローチをまず考えるでしょう。

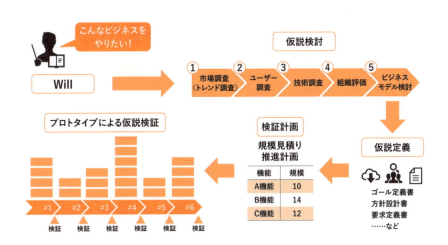

●図5-6　プロトタイプによる仮説検証までの流れ

ここでも、第4章4-2-3で説明した現象③で例にあげた「作業員の位置情報を収集した作業の効率化」を使って考えてみましょう。
　この仮説検証では、

① **作業員情報の事前登録**：事前に作業員の各種情報を登録しておく
② **作業開始時ログイン**：日々の作業開始時に端末からシステムにログイン
③ **位置情報取得開始**：作業指示が入力されると作業員の位置情報の取得が開始
④ **作業と位置情報を蓄積**：各作業と位置情報をリンクしながら情報蓄積
⑤ **収集完了後自動データ分析**：作業完了と同時に収集を完了させ、自動データ分析を行なう
⑥ **作業完了後レポート作成**：全作業員の作業が終わったらレポートを自動作成する

という6つの大きな機能グループが定義されていました（図5-7）。

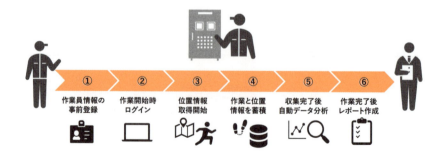

●図5-7 「作業員の位置情報を収集した作業の効率化」での機能

　それぞれ開発のための工数を見積もった結果、開発・検証期間を①に1か月、②に2週間、③に2週間、④に1か月、⑤に2か月、⑥に1か月と想定されました。

まず考えられるのは、その期間に基づいてスケジュールを決め、開発・検証の計画を策定するというアプローチです。一定間隔の開発を考えているため、間隔を2週間として、2週間単位で見積もってあります（図5-8）。

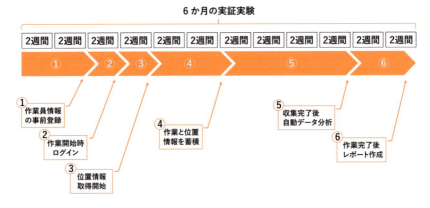

●図5-8 機能別に検証を実施する計画案

この場合、ユーザーがシステムを使う順に合わせて開発順位を決め、短いサイクルで開発と検証を実施することができています。しかし、それぞれの仮説検証のサイクルは、1か月の期間もあれば、2週間の期間もあるので、期間にばらつきがある状態です。

もちろん、このようなアプローチでも開発と検証を行なうターゲットが明確にされていますし、それぞれの仮説検証も的確に実施できるでしょう。ただ、動作するシステムで検証が実施できるタイミングにはばらつきがあることになります。

たとえば⑤の機能が動き出すようになり、検証ができるまでには3か月間の待ち時間が発生することになります。

せっかく2週間という決まったサイクル期間をベースに考えているのであれば、さらに発展させて、このサイクル期間ベースをより効果的に使うアプローチを実施するほうが、一定間隔の短いサイクルのメリットを引き出すことができます。

この場合、①〜⑥までの機能のなかで2週間を超える期間が必要な機能をさらに細かく分割することで、すべてを2週間のサイクルで実現できる内容に分解します。そして2週間という期間のなかで開発を完了させ、最後に検証を実施する流れを目指します（図5-9）。

　たとえば、「①作業員情報の事前登録」という機能は、「①-1作業員の基本情報が登録できる」と「①-2作業員すべての情報が登録できる」という2つに分解します。さらに、「④作業と位置情報を蓄積」という機能は、「④-1位置情報を継続的に取得できる」と「④-2位置情報に作業情報を付加できる」という2つに分解していくことで、2週間サイクルごとに検証を実施することができます。

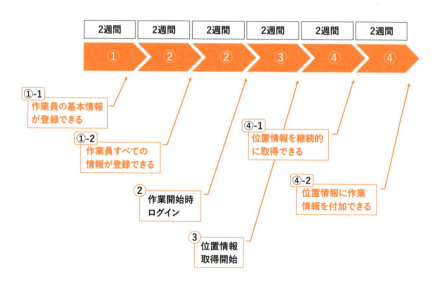

●図5-9　2週間サイクルを活用しながら検証を実施する計画案

　機能によってはぴったり2週間に収まらないこともありますが、筆者自身の経験上、視点を変えて分解してみると、ほぼ収まることが可能でした。無理やり詰め込むよりも、多少の余裕を持ちながら2週間サイクルに合わせて分解してみてください。ばらつきがある期間のま

ま開発・検証をするのではなく、一定期間のサイクルで開発・検証を実施することにより、さまざまなメリットを生み出すことができます。とくに以下の3つは推進チーム全体に大きな効果を生みます。

1. 検証からのフィードバックを早く反映できる
2. 見積り精度を継続的に向上できる
3. 定期的に進め方の見直しができる

では、なぜこのような効果を生み出すことができるのか、その理由を含め具体的に3つのメリットについて見ていきましょう。

1. 検証からのフィードバックを早く反映できる

仮説検証では、開発によりプロトタイプができあがることも重要ですが、それ以上に、定義した仮説が正しいかどうかを検証していくことが最も重要になります。そのためには、できる限り早い段階で検証を実施できるほうがメリットになります。

図5-8のようなばらつきのある期間のまま開発・検証するアプローチの場合、2週間で開発・検証ができてしまう機能なら早めの検証ができます。しかし、開発に2か月かかってしまう場合は、検証ができるまでに長期間の待ち状態が生じてしまいます。一定サイクルで早い期間での検証が実現できたほうが、推進チームとして開発・検証のリズムができるので、検証の準備なども含めて効果的に推進することができます。また、検証結果からの開発内容へのフィードバック機会も多くなります。

仮説検証では、多くの場合、仮説を定義する役割と、プロトタイプを開発する役割を違ったメンバーが実施することが多くなります。組織内での従来の推進担当スキルやノウハウを効果的に活用するために、企画推進チームと開発チームに分ける場合もあるでしょう。また、社内に開発チームがない場合には、開発を外部に委託する場合もあるでしょう。このように開発と検証の担当が違う場合は、開発期間自体が

検証担当にとって、待ち時間となってしまいます。

　そんなときに一定期間でのサイクルができていれば、開発を実施している場合にも、検証担当は検証に合わせた準備や、次の開発・検証に向けた仮説の分析・検討の期間が毎回同じ間隔であることで、効果的に進めることができます（図5-10）。

仮説検証の感覚と規模がそろっているため、検証だけでなく分析・開発にもメリットがある

●図5-10　短いサイクルで回すことで開発と検証のタイミングを合わせて効率的に実施できる

　それ以上に効果があるのが、検証結果からのフィードバックの機会が増えることです。新規チャレンジを推進していくことは、開発したシステムが動作することよりも、そのシステムが業務を改革できるか、ユーザーの生活を楽しくできるかなど、システムがどのような価値を引き出せるのかを確認することが最も重要となります。そのためには、実際に確認し、その確認結果から、よかった点をさらにブラッシュアップする、またはそのほかの機能に展開していくことや、うまくいかなかった点を改善していくことが重要です。開発期間が長く、その結果、検証結果が多くなれば、まとめてシステムにフィードバックしていかなければなりません。つまり検証期間だけでなく、開発での変更期間も長くなります。

　仮に検証期間が長くても同じ検証結果が出るならば、開発の変更に必要な期間を足し算すると同じことなのでは？　と思ってしまうかも

しれません。しかし、担当するエンジニアは、最近開発した内容であれば記憶に残っている部分も多いので早めに対応できるのですが、1か月以上前に開発した内容であれば、まず設計書を確認して、プログラムをチェックしながら思い出す作業から開始しなければなりません。そのため、結果的に時間がかかってしまうことになるのです。短いサイクルで検証し、早めにフィードバックすることで、無駄のない効率的な推進につなげることができます。

2. 見積り精度を継続的に向上できる

計画段階に開発・検証のターゲットとなる機能について、どのぐらいの開発期間が必要なのかは見積りを実施したうえで計画に反映していきますが、一定の短いサイクルで開発・検証を実施するメリットとして、開発・検証が終わった時点で、実現した機能に対しての見積りが正しかったかどうかを早めに確認することができます。見積りが大きく外れてしまい、予想以上に時間がかかってしまう、あるいは逆に早く完了してしまった場合でも、短い期間で繰り返すことで、なぜ見積りが乖離してしまったのかをふりかえる機会を多く作ることができます。それにより、ふりかえりによって見積り方法が改善でき、見積り精度も向上します。さらに同じサイクルで繰り返すことが、見積り精度のさらなる向上を引き出してくれます（図5-11）。

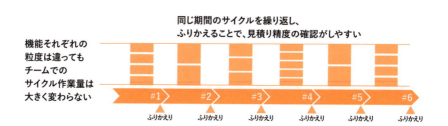

●図5-11 同じ期間のサイクルで実施とふりかえりを繰り返す

たとえば7日単位の同じサイクルで回っている1週間であれば、自分自身がどれくらいのパフォーマンスが出せるかは比較的簡単に予測できませんか？　直感的な感覚でも、「なんだか今週は先週より調子いい！」とか、「仕事がサクサクはかどっている！」など、人間の感覚的にも一定期間のサイクルは比較のための基準にすることができます。

　開発・検証でも同様に、仕事の段取りを短いサイクルに合わせて進めていくため、毎回のサイクル完了時のふりかえりでも比較しやすくなります。これらの短いサイクルを継続的に繰り返すことでチーム全体がサイクルを体感でき、その結果、その<u>サイクルのなかで発揮できるパフォーマンスも予測しやすくなります</u>。結果的に、3日間、10日間というばらつきのある期間で実施するよりも、一定間隔の短いサイクルで実施するほうが自分たちの進め方のペースが予測しやすくなります。

3. 定期的に進め方の見直しができる

　見積り精度の向上と同じような理由で、改善の機会も一定期間のサイクルで得ることができます。プロトタイプの検証により仮説の妥当性確認や、ユーザーにとって価値があるものかどうかも確認でき、これまで実施してきた仮説定義のプロセス（段取り）や、プロトタイプの開発プロセス（段取り）に対してもふりかえりを実施して改善につなげることができます。この効果により、<u>推進自体の改善が加速することもでき、今後発生するかもしれないリスクを予測でき、事前に対策しておくことができます。また、推進チームに関係しているステークホルダーとの関係性改善や連携の強化を加速することもできます</u>。

　継続して進め方を改善できることは、新規要素の多い新規ビジネス創造や業務改革で起こりやすい「本当にこのやり方でいいのか？」という不安を払しょくすることができますし、チームでの推進全体で大きなプラス影響を与えることができます。

　具体的な進め方は、後述する5-4「 **キーポイント3** 　短期間で推進チーム自体も改善」で説明します。

短いサイクルで仮説検証するメリットに合わせて、一定間隔の短いサイクルで実施するメリットについても感じていただけたでしょうか？ ある意味、推進チームをリズムで同期することができるのです。同期することで、メンバー同士のコミュニケーションやふりかえりの機会が増えることは、お互いに助け合いが発生することになります。また、チームのパフォーマンスを測定する尺度がマッチすることや、サイクルが短いために、メンバーの達成感が得られる頻度も高くなります。結果的に、活動自体のメリハリがはっきりすることで、メンバーのモチベーションをキープするという効果もあります。

●表5-3 サイクル設計でよくある質問と対策

No.1	質問	サイクル期間はどのように設定すればいいのでしょうか？
	対策	最終的には、チームが最もパフォーマンスが発揮できそうな期間を相談して決めてください。 ポイントとしては、仮説検証のトータル期間で考慮してみることです。たとえば半年ぐらいの期間であれば、2週間サイクルで12回などです。 もう1つは、チームの集中がキープできる長さです。ここは相談ですね。「2週間がベスト、いや、4週間！」など、いろいろな意見があるはずなので、多数決にならないように、それぞれの理由を聞いて、チームで合意しましょう。
No.2	質問	サイクルの開始日は月曜日ですか？
	対策	実は週の中日（水曜日など）のほうがチームの一体感が出る傾向があります。月曜開始、金曜日終了にすると、「終わった！」という達成感のあとに休日がくるというメリットはあります。しかしそれ以上に、休日でかなり忘れてしまう、あるいは月曜日に先週の内容を思い出すのに時間がかかるというデメリットもあります。そのため、週の中日のほうが、一体感が出やすいのです。 水曜日終了にして、サイクルが完了した水曜日はみんなで打ち上げをする。そして次の日から新しいサイクルが始まるというほうが、意外と一体感が出ます。

No.3	質問	見積りの精度を上げるポイントはありますか？
	対策	各作業の見積りはどのように行なっていますか？ もしかすると、担当リーダーがメンバーの実績やスキルを考慮しながら最終的には主観で見積もって、メンバーに指示しているパターンになっていませんか？ 少し極端に表現すると、「Aの作業は、前川さんが3日で進めてください」というようにリーダーが見積もって、前川さんに指示を出すという形式です。 この形式だと、見積りの精度を上げるのはリーダーだけになります。もしリーダーの見積りが間違っているということに気がつかなければ、前川さんの作業が見積りどおりに進められていないことに集中してしまい、見積りの仕方を改善するのではなく、前川さんの作業の仕方を改善しようとするため、場合によっては悪循環になる可能性があります。 見積りは、メンバー全員で対話型で実施することをおすすめします。このアプローチができていれば、メンバー全員で議論ができますし、結果的にチームとしての見積り方法の改善につながり、精度を上げることにつながりやすくなります。

5-2-4　MVPを設定する

　短いサイクルでの推進プロセス（段取り）が設計できれば、実際に仮説検証を実施する場合の「検証すべきターゲット機能」を決める必要があります。このときに考えるのが、2つ目のアクテビティである「MVPの設定」です。

　本章の前半でも少し説明しましたが、MVPとはMinimum Viable Productの頭文字をとったもので、「必要最小限の機能を持った製品」という意味です。仮説に基づいた最小限の機能を搭載したものを使用してもらうことで、ユーザーからフィードバックをもらい、素早く検証し、ブラッシュアップすることができるアプローチです。

仮説として定義したすべての機能が実現すれば、ユーザーにとっては最大の価値が出るはずです。しかし、短いサイクルで検証を実施し、早い段階でユーザーからのフィードバックを反映し、無駄のない効果的なブラッシュアップを実現するためには、それぞれのサイクルに合わせた検証対象機能の見極めが重要な鍵となります。

仮説で定義した主要な機能は、短いサイクルの期間を考えると、まだ規模が大きいかもしれませんし、各機能を実現するための期間にもばらつきがある可能性もあります。そのため、さらに機能を細かく絞り込む必要があります。主要機能自体も実際には補完するために追加された小さな関連機能が含まれていることもありますし、それらを極限までそぎ落とし、ユーザーが本当に必要な最小限の基本機能だけに絞り込むことが重要となります。本当に必要な部分だけに絞り込むことで、ユーザーにとっての価値をシンプルかつ的確に検証することができるのです。

もう1つ、MVP定義の効果を「開発を効果的に進める」ことではなく、「ユーザーの価値を検証する」という視点で見てみましょう。みなさんが身近に感じられるよう、「歩く以外の方法で移動することに価値を感じる」という内容で考えてみます。

たとえば、「自分の足で歩くよりも、自動で移動することができれば便利なのでは？」という漠然とした要求があったとします。エンジニアは真っ先に自動車を作ることを思いつき、完成すべき自動車の仮説定義と概要設計を作り上げます（図5-12）。そしてユーザーに価値を感じてもらえることを信じて、自動車の設計・開発を始めます。まずはタイヤを作り、シャーシを作り、ハンドルなど制御のための部品を追加しながらボディーを組み立てていくといったエンジニア視点で自動車を作り上げていくことになるでしょう。

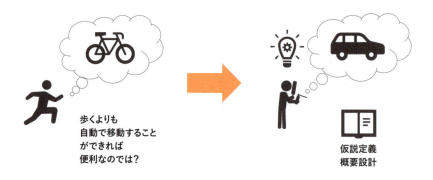

●図5-12 エンジニアは自動車の設計・開発を開始

　ここで思い出してください。ユーザーの要求は「歩くよりも自動で移動することができれば便利なのでは？」という漠然としたものだったはずです。実際にユーザーが歩く以外に体験したことがないとすると、最初に自動車の話を聞いたときにはワクワク感もあるでしょうが、そのワクワク感を体験できるのは、すべての設計・開発工程がほぼ完了した段階です（図5-13）。ようやく自動車に乗ったユーザーは、その便利さにびっくりすることになりますが、なんだか予想以上にスピードが速すぎたり、運転制御が難しかったり、周りを歩いている人たちにぶつけてしまわないかという不安のほうが大きかったりと、予測していた価値の領域を超えてしまっている可能性もあります。

●図5-13 車が動き出すまでユーザーは価値を確認できない

新規ビジネス創造や業務改革でも同じことが考えられます。実際にはユーザーがはじめて価値を実感するシステムや仕組みを作り出していくことが多いため、先ほどの自動車のときと同じように、ユーザーがまだ実際に体感していないため、要求は漠然としたものになる可能性が高くなります。

　ではこのような場合、どのように進めていけばよいのでしょうか？
　<u>最も重要なのは、早い段階でユーザーに価値を体感してもらい、フィードバックをもらいながら、ブラッシュアップしていくことです。</u>
　たとえば「歩くよりも自動で移動することができれば便利なのでは？」と感じているユーザーなのであれば、最初にスケートボードを体感してもらえば、歩く以外の方法で移動することの速さ・便利さを感じることができます。それを体感したユーザーから、「これって便利なんだけど、方向をコントロールできると、もっと便利になるのでは？」「足で蹴るより、もう少し効率的に加速できる方法はないの？」といった要望をフィードバックしてもらうことができるでしょう。

　実際に体感したからこそ、ユーザーが求めていた漠然とした要求から、より具体的なフィードバックをもらうことができるのです。それを聞いたエンジニアは、次のサイクルで自転車を開発して、ユーザーに体感してもらいます。さらには、エンジンのついたバイクで、体を動かすことなく移動できる価値を体験してもらいます。そして次に、タイヤを4輪にして、車体があることで風を気にせず、速度を上げることができる自動車といった開発に機能追加されていきます。

　そうすることで、それぞれに検証したい価値を明確にしたユーザー体験を提供することができますし、ユーザーが本当にほしい価値を確実に積み上げていくことができます。もし、自動車ができた時点で「歩くよりも自動で移動することができれば便利なのでは？」と感じているユーザーの価値が実現できれば、その時点で仮説検証を完了してしまうこともできます（パーツを作り組み合わせていくパターンだと、途中で完了させることはできません）。あるいは、ユーザーから

「スピードが速くても、風も感じたい」という要望があれば、最後にオープンカーを体感してもらって、価値を判断することもできるのです。

パーツを作り組み合わせていく

ユーザーが確認できる価値の検証を続ける

●図5-14 継続的にユーザーが価値を確認できる検証を目指す

　少し抽象的で極端な例だったかもしれませんが、具体的にMVP設定でのポイントがイメージできたのではないでしょうか。短いサイクルで仮説検証を実施し、より早くユーザーがその価値を体感する。そしてその結果からフィードバックを繰り返していくには、図5-14のように独立した機能（自動車でいえばパーツ）を組み合わせて検証するよりも、目指すべき姿に合わせてつねにその姿を実感できるように、ユーザーが求める価値を意識した検証を実現できるMVPを設定するほうが、無駄のない、効果的な仮説検証を実現することができるのです。

　「歩く以外の方法で移動することに価値を感じる」というわかりやすい事例内容でまとめましたが、新規ビジネス創造や業務改革での新規チャレンジでも活用できるように、「ユーザーが求める価値を意識した検証を実現できるMVP」を考える場合の、3つのチェックポイントをまとめておきます。

1. 一つひとつの検証で、ユーザーが価値を実際に感じることができる
2. それぞれの検証でなにを感じ取るのか検証目的が決まっている
3. フィードバックしやすい検証目的になっている

次に、シンプルかつ的確な検証を実施するために、MVPを設定する方法を考えてみましょう。

効果のあるMVPを設定するためには、以下3つのメリットを実現できるように設定することが重要です。

1. 必要最低限の機能に絞ることで短い期間で検証ができる
2. 検証の目的とゴールを明確化することで確実な確認ができる
3. システム全体の柱となる機能を選ぶことで必須機能が明確になる

では、それぞれのメリットがどのような効果を生み出せるのか、その理由を含め、具体的に見ていきましょう。

1. 必要最低限の機能に絞ることで短い期間で検証ができる

ここまで説明したように、MVPは必要最低限の範囲ながらも、確実にユーザーからその評価を確認できるような機能に絞り込んで設定します。

第4章4-2-3で説明した【現象③】の「作業員の位置情報を収集した作業の効率化」での例をもう一度考えてみましょう（図5-7）。この仮説検証では、「作業員情報の事前登録」という大きな機能がありました。

● 図5-7 「作業員の位置情報を収集した作業の効率化」での機能（再掲）

　作業員の事前登録において、すべての項目で開発するのではなく、動作させるために必要な「社員番号」と「氏名」だけに絞り込むという説明をしました。ではここで、まずはサイクル期間を意識しながら、作業員が作業を始めてから終わるまでに位置情報を取得・分析して、そのデータからなにが発見できるのかを確認できる最低限の機能を実現させるMVPを考えてみましょう。

　図5-15にMVPの設定例を図に示しました。

	事前準備	作業中				作業完了
	作業員情報の事前登録	作業開始時ログイン	位置情報取得開始	作業と位置情報を蓄積	収集完了後自動データ分析	作業完了後レポート作成
サイクル①	社員が識別できる情報が登録できる	端末に社員番号＋PWでログインできる	担当内容の開始を入力できる	作業員の位置情報が自動記録できる	作業完了を端末に入力できる	全予定作業の完了を自動認識できる
		社員名表示でログイン確認できる	作業員の位置情報記録が開始される	位置情報と作業IDが連携できる	作業員の位置情報の記録を停止できる	作業ごとの分析結果をレポート出力できる
サイクル②	社員の連絡先が登録できる		作業開始が自動認識される		作業IDごとに位置情報データを分析	
サイクル③	社員の所属情報が登録できる	自分の所属情報が確認できる		作業を変えると自動認識できる	細かい作業ごとに位置情報が分析できる	
サイクル④		自分の位置情報が作業別に確認できる			作業員ごとの傾向が分析ができる	作業別分析結果をレポート出力できる
サイクル⑤	社員のスキル・ノウハウが登録できる				作業員のスキル別の傾向が分析できる	スキル別分析結果をレポート出力できる

● 図5-15　MVPの詳細化（ストーリーマップ）

1回目のサイクルでのMVPとしては、最低限の事前登録以外に、「作業開始前に端末からログインできて、名前が確認できる」「作業開始を端末に入力すると位置情報取得が開始される」「位置情報が作業IDに紐づけられて蓄積される」「作業完了を端末に入力すると位置情報記録が停止され、分析される」「全員の作業が終わったらレポートが出力される」といった機能に絞り込んで設定してあります。このことで、実際に作業員が端末を持って作業しながら位置情報を取得し、レポートを見ることができます。

　この内容を見たときに、「「作業開始」って自動で判断できるのでは？」「細かい作業内容の変更と位置情報を紐づけてくれないの？」などといった要求を考えてしまうかもしれません。気持ちはわかりますが、まずは「取得した位置データから、なにが発見できるのかを確認する」ことだけに絞ります。そのため、作業開始から終了までの位置情報を取得・分析して、結果を確認するためのレポートを出力するまでに必要な機能に限定しましょう。

　いまはまだそのほかは必要ありません。もしかしたら動作検証したときに「作業開始って自動認識もいいけど、作業に入るぞ！ という気持ちの切替えのために、端末をあえて操作するというのもありだな」といった意見が出るかもしれません。作業開始は自動ではなく手動で行なうということに決まった場合、作業開始のきっかけを作る機能は今回の開発で完了ということになります。この機能については予定より早く開発が終わります。

　では、先ほど説明した「ユーザーが求める価値を意識した検証を実現できるMVP」を考える場合の3つのチェックポイントに照らし合わせて確認してみましょう（表5-4）。

●表5-4 MVPを考える3つのチェックポイント

No.	チェックポイント	今回のMVP
1	一つひとつの検証で、ユーザーが価値を実際に感じることができる	取得した位置データからなにが発見できるのかを確認する
2	それぞれの検証でなにを感じ取るのか検証目的が決まっている	作業開始から終了まで位置情報を取得・分析して、結果を確認するためのレポートを出力するまで
3	フィードバックしやすい検証目的になっている	一気通貫で確認するので、作業開始のフローなどについてもフィードバックできる

　改めてポイントを確認できたでしょうか？

　図5-15のサイクル②以降では、サイクル①で作り上げたMVPに、ユーザーにとって価値を感じられる機能を追加しながら仮説検証を実施していきます。主要な追加機能だけを抜粋すると、サイクル②では「作業開始が自動認識される」「作業IDごとに位置情報データを分析」、サイクル③では「細かい作業ごとに位置情報が分析できる」、サイクル④では「自分の位置情報が作業別に認識できる」、サイクル⑤では「作業員のスキル別の傾向が分析できる」「スキル別分析結果をレポート出力できる」など、MVPをそれぞれ設定しながら、システムをアップデートしていきます。

　図5-15のMVPのチャートの場合、上部に書かれた6つの機能別でMVPを考えてしまい、縦軸（単機能を順に実現するパターン）でサイクルを適応してしまいがちです。しかしそれでは、「分析した位置情報データからなにが発見でき、どのような業務改善につなげることができるのか」といった仮説定義のコアになっているユーザー価値を確

認できるのは、いちばん最後の機能が完了した時点になってしまいます。それよりは図の最上部にあるように、事前準備→作業中→作業完了までの一連のフェーズを<u>必要最低限の機能でいいので、一気に最後まで流すMVPを設定</u>します。横軸（最初から最後までの実際の流れの確認を優先するパターン）で必要最小限の機能に絞ることで、早い段階で仮説検証とフィードバックを実施できます。

　短いサイクルで推進できる時間軸を持ったうえで、サイクルに適している、かつ早期にシステムの全体像を把握できることが可能となれば、必要最低限の機能に絞り込んだMVPは非常に大きな効果を発揮します。

2. 検証の目的とゴールを明確化することで確実な確認ができる

　すでに仮説の定義は完了しているので、設定されたMVPは対象となる検証したい仮説と紐づけることができるはずです。メリット1の説明では、最初のMVPの検証目的を「分析した位置情報データからなにが発見でき、どのような業務改善につなげることができるのか」と書きましたが、このような疑問形ではなく、実際には仮説を定義しているはずです。

　たとえば、

1. 作業員が長時間止まっている場合は、なんらかの課題を抱えていることが多いため、どの場所か特定できることで、それらの課題を抽出しやすくなる
2. 多くの作業員が集中してしまう場所はぶつかるリスクが高い可能性があるため、作業安全を考慮したレイアウトに変更できる
3. 想定以上に作業員が部品保管庫に出入りしている場合は、移動の無駄があるため、頻繁に使う部品を特定し、手元に置いておくことで作業効率を向上できる

といった引き出したい効果や、目指したい姿を仮説として定義してあ

るはずです(図5-16)。

●図5-16 位置情報を取得した改善効果仮説

　せっかく機能を最低限の機能に絞り込んだMVPですので、仮説検証する場合に重要になるのは、必ず「なにをなんのために検証するのか」という目的とゴールを明確にすることです。そうすることで、MVPを使ったサイクルごとの仮説検証での検証基準が明確になり、動くものができたときの検証を効果的に進めることができます。
　なにを検証するの？　という状況よりは、先ほどの3つの仮説定義とMVPが紐づいていれば、測定すべき内容や実データを取得・分析することで効果を確認しやすくなります。また、MVPを設定するときにも、仮説検証での優先順位と開発する機能を照らし合わせることで、MVPの優先順位も明確になります。

　図5-15のMVP設定例で、あることに気がついた方がいるかもしれません。それは、それぞれの細分化した機能分割は、実際のユーザーが実現できることで表現されているということです(ほとんどが、「〜できる」という表現になっていますよね)。エンジニア視点だとつ

い、「従業員管理システムから、作業員のスキル情報を反映させる」や「作業IDを工程管理システムから抽出する」など、システムを設計する際の設計観点でMVPを記載してしまうかもしれません。しかし、ユーザーにとってシステムがどのように処理をするのかは大きな問題ではありませんし、事前に知っておく必要は少ないでしょう。それよりも、ユーザーが実際にどのような作業をして、なにができるのか、そのできることでどんなメリットを得られるのかというユーザーの視点を重視することで、的確なMVPを分析・設定することができます。

　MVPを設定する際には必ず、そのMVPが実現して、検証を実施する際の目的とゴールが明確になっているか、紐づけられているかを確認してください。

3. システム全体の柱となる機能を選ぶことで必須機能が明確になる

　p.173のメリット1と2では、ユーザー視点でMVPを設定することの重要性を説明しました。最後の3つ目のメリットでは、あえて設計視点でのMVP設定のポイントについても説明しておきます。

　エンジニアとしては、早めに見極め、課題を出したいこともあり、つい、これまであまり開発経験のない新規技術を使った機能を早い段階のMVPに設定したくなります。

　たとえば、図5-15のMVP設定のサイクル②にある「作業開始が自動認識される」や、サイクル③の「細かい作業ごとに位置情報が分析できる」といった詳細機能については、関連するほかのシステムとの連携や、新規デバイスを活用する可能性などもあり、設計視点ではリスクを考えて、早めに検証したくなる機能です。

　これらの新規性の高い機能を早めに検証サイクルにあてはめて確認することは、技術観点の優先度を考える点で重要ではあります。しかし、主要な機能はその機能単品で価値が判断できるものはまれで、そのほかの主要機能や補完機能と相互に連携しながら、ユーザー価値を発揮させていく場合が多いです。そういう意味でも、最初のMVPで

システムのコアとなるユーザーの作業フローをすべて網羅したサイクル①のMVPを優先的に開発し、検証を実施しておけば、結果的に新規要素を持つ詳細機能を積み上げていく土台を構築しておくことができます（図5-17）。

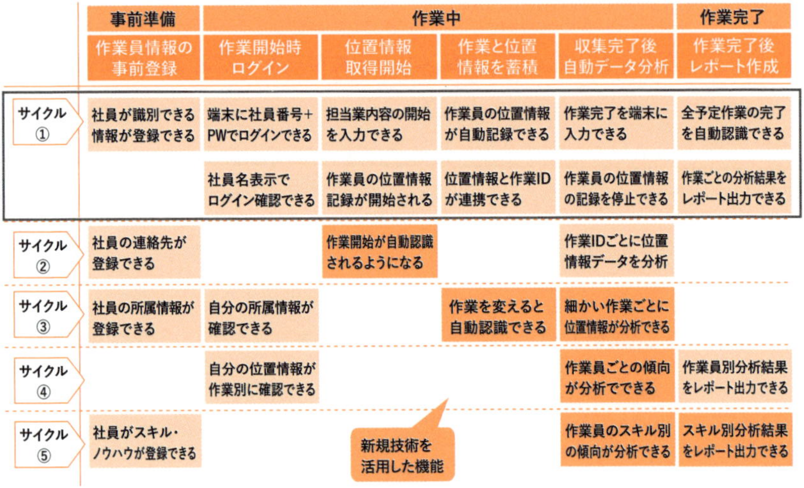

	事前準備	作業中				作業完了
	作業員情報の事前登録	作業開始時ログイン	位置情報取得開始	作業と位置情報を蓄積	収集完了後自動データ分析	作業完了後レポート作成
サイクル①	社員が識別できる情報が登録できる	端末に社員番号＋PWでログインできる	担当業内容の開始を入力できる	作業員の位置情報が自動記録できる	作業完了を端末に入力できる	全予定作業の完了を自動認識できる
		社員名表示でログイン確認できる	作業員の位置情報記録が開始される	位置情報と作業IDが連携できる	作業員の位置情報の記録を停止できる	作業ごとの分析結果をレポート出力できる
サイクル②	社員の連絡先が登録できる		作業開始が自動認識されるようになる		作業IDごとに位置情報データを分析	
サイクル③	社員の所属情報が登録できる	自分の所属情報が確認できる		作業を変えると自動認識できる	細かい作業ごとに位置情報が分析できる	
サイクル④		自分の位置情報が作業別に確認できる			作業員ごとの傾向が分析でできる	作業員別分析結果をレポート出力できる
サイクル⑤	社員がスキル・ノウハウが登録できる		新規技術を活用した機能		作業員のスキル別の傾向が分析できる	スキル別分析結果をレポート出力できる

●図5-17 MVPの詳細化②（ストーリーマップ）

　ほかの機能との関連が強いコアシステムを先に作り上げておくことは、ほかの機能を開発・追加した段階で、新たな価値を生み出しやすくなります。ほかの機能に連携が多い、システムとしての軸となる機能をMVPとして初期段階で選択することも重要になります。

　MVPにはユーザー視点が最重要ですが、設計視点のことも考慮し、両方がうまく相互作用できれば、さらに仮説検証の推進をスムーズに進められるMVPが設定できるのです。

　ほかにもMVP設定を考える場合のヒントになる細かい観点もありますが、これまで説明してきた3つのメリットは最重要です。これらを気にしておくだけでも、仮説検証を実施するうえでのMVPを非常

に効果的に検討・設計することができます。

　短いサイクルをより効果的に活用し、できるだけ短い期間で、かつ的確にユーザー価値の検証を進められるように、<u>検証目的を明確にしながら、最小限の機能に絞り、継続的なブラッシュアップができるMVPを各サイクルで設定</u>してください。新規性と不確実性の多い新規ビジネス創造や業務改革の推進では、いかに早い段階から価値を評価できるかが重要な要素となります。的確にMVPをすれば、その分、迅速かつ集中した仮説評価が実現できます。その結果、より効率的で効果的な取り組みに変わっていくはずです。

●表5-5　MVP設定でよくある質問と対策

No.1	質問	システム開発の場合、コアとなる基本機能が優先されませんか？
	対策	ユーザー視点で最小限の価値を考えたとしても、システムのアーキテクチャしだいでは、どうしてもコアユニットなどの基本となる機能を実装しておく必要があります。 その場合は、前半の期間にコア機能を構築するタイムボックス（一定期間の時間枠）を設定しておくパターンでも大丈夫です。ただ、そのときにあらゆる展開パターンを考えて、必要以上に複雑にするとかえって時間がかかるだけでなく、あとから使わずに無駄になってしまう機能ができるリスクがあります。先にMVPを設定したうえで、そのMVPにとって必要な機能だけ開発・実装していくことがポイントです。

No.2	質問	MVPはタイムボックス（一定期間の時間枠）ごとに設定するのでしょうか？
	対策	基本的に、そうなることを目指してください。 実現したいことは、仮説を検証し、ユーザーにとって価値があるかどうかを確認することです。その機会が多いほうがユーザーからのフィードバックは増えていきます。できる限り、タイムボックスごとに検証ができるようにMVPを設定してください。 ただ、どうしても2～3回のタイムボックスをまたがってしまうMVPになってしまうこともあります。その場合は、仮説検証のためのリリース計画を別に立案しておく必要もありますが、タイムボックスごとにテストは実施しておくなど、タイムボックスの切れ目が明確になるように、タスクを計画しておいてください（詳しくは次項の5-2-5「完了条件（Doneの定義）を明確にする」を参照ください）。
No.3	質問	MVPの予想が外れてしまうと、失敗になるのでは？
	対策	「これだと確実に検証ができる！」と設定したMVPでも、実際に開発して動かしてみると、思ったように成果が出ず、検証結果につながらないこともあります。こんなにたくさんの位置情報データを蓄積したのに、分析してもなんの発見もなく、データが多すぎてデータベースの負荷になってしまっている、といったことが発生するかもしれません。 このときの対策は1つだけです。失敗しない対策を考えるのではなく、失敗したことからどれだけ次につながるヒントを得るかです。 新規要素が多く、目指すべき姿も仮説はするものの、それが確実に実現するかどうかはわからないのがDXの特徴です。 であれば、失敗したこと自体も大きなチャンスです。その失敗を分析し、プラスに変えていくことが推進のための重要な鍵となります。ぜひ失敗を活かしてください。

5-2-5 完了条件（Doneの定義）を明確にする

　最後に、3つ目のアクティビティ「Doneの定義（完了条件の明確化）」について説明します。

　短いサイクルでのプロセスと実現すべきMVPを設定し、短いサイクルで段階的な仮説検証を繰り返す重要性が理解できたと思いますが、それぞれに共通するのが、「完了条件（Doneの定義）を明確にする」ことです。短いサイクルを設計する場合には、MVPを完了させて検証を確実に実施することが重要です。また、サイクルごとのMVPを設定する場合には、前述したように、仮説として定義してあるどの定義を対象にして、どんなユーザー価値を検証するのかを明確にしておくことです。「完了条件を明確にする」ことはどちらのアクティビティにも重要で、品質を作りこむうえでのベースとなる考え方なのです。

　また、短いサイクルで実証実験を繰り返すことにより、場合によって想定していたよりも早い段階でユーザーに製品やサービスを提供できる可能性があることを説明しました。その判断をするためにも、どのサイクルでも完了段階で提供できることを意識した完了条件を設定しておくことは重要になります。

　ここでは、短いサイクルでの検証の繰り返しにおける品質面について、少しエンジニアリングの視点寄りになりますが、完了条件について考えてみましょう。

各サイクルでのDoneの定義

　「新規事業／業務改革のためのアプローチステップ」（図2-9）でも「プロトタイプ作成での仮説検証」とあるように、プロトタイプという表現を聞いたときに、日本語での「試作」を連想するのが一般的でしょう。そのため、試作は暫定的に作って確認を実施するものだから、最低限必要な動作確認を実施していれば十分といった、間違った認識を持ってしまうことがまれに発生します。

ユーザーの価値を検証するために、必要最低限のMVPに絞り込み、開発後に実際に動かしてみて価値を確認するのは確かです。ユーザーにとって価値の重みが大きいものから優先的にMVPを設定し、開発をしているのであれば検証完了した段階で、あるいは現場の人たちが満足できるレベルであればその時点で提供することができますし、結果的に早めに現場改革が実現できます。そのためには、<mark>毎回の仮説検証サイクルで、そのまま提供できるレベルでの品質を確立できることが重要</mark>になります。

　このような認識をチームできちんと共有し、各サイクルで目指すべき品質レベルが保証できていれば問題ありません。しかしそれが共有できていない場合は、メンバーによって、暗黙的に品質への認識が違っている状況が発生してしまいます。つまり、一方は確認できるだけの暫定的な品質でいいと思っているが、他方は毎回の仮説検証が完了できている段階で、そのままユーザーに提供できるレベルの品質を目指すべきだと思っているといった食い違いです。双方ともに頭のなかで思っているだけなので、ゴールの設定・共有が難しい状況になっているといえます。

　このときに重要なのは、<mark>「終わった段階（Doneになったとき）にどうなっているのか」という定義を言語化して共有し、チームとして共感しておく</mark>ことです。この定義は「Doneの定義」ともいわれます。チームとして推進活動をしていくときに、ゴール設定がずれてしまうことがよくあります。仮説検証サイクルにおける品質はどのレベルに達したときに完了したといえるのかも重要ですし、MVP設定のポイントでも説明したとおり、どんな価値をどのように評価するのかを事前に決めておくことも重要です。

　Doneの定義のために検討する軸はおもに次の6つです。

① **今回のサイクルで評価する機能と評価項目が定まっている（MVPで定義）**
② **それらの評価が仮説で定義した目指すべきユーザー価値と紐づ**

いている（仮説とMVPの紐づけ）
③ 最終的に評価結果を判断できる人が決まっている（評価者の選定）
④ 今回のサイクルで実施しなければならない作業が明確化され、見積りが実施され、担当者が決められている（作業プロセス）
⑤ 開発したシステムに対するレビュー・テスト内容と方法が定まっている（テスト設計）
⑥ サイクル中に発生した課題のエスカレーション方法と対応方法が定まっている（課題管理）

これらの軸ごとにDoneの定義を実施し、言語化して、チームで共有・共感しておくことで、サイクルでの推進がより強固なものになります。

また、各Doneの定義を実施する際に完了状態を判断しやすいように、可能な限り数値化して、定量的な判断基準を作っておくほうがより効果的です。

たとえば、先ほど例にあげた「作業員が長時間止まっている場合は、なんらかの課題を抱えている場合が多く、場所が特定できることで、それらの課題を抽出しやすくなる」という検証目的に対して、「長時間」というだけでは判断基準になりにくいので、具体化していなければ、ばらつきが発生する可能性があります。そのため、「長時間＝30分以上」といった基準を数値化しましょう。「課題を抽出しやすくなる」という項目についても、「抽出しやすいと判断できる課題数＝20件以上／週」といった基準を設定します。

そのほか、Doneの定義のために検討する6つの軸について、それぞれ定量的に数値化できる部分がほとんどだと思いますので、チームでの判断がぶれないように、数値化することで共有しておきましょう（図5-18）。

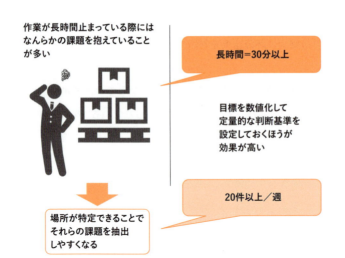

●図5-18 位置情報を取得した改善効果を定量的に定義

　あわせて、Doneの定義は推進チームのメンバーだけなく、ステークホルダーに対しても共有しておくことも忘れないでください。チームの進捗状況や作業成果物の状況、発生している課題の有無や対策実施状況なども透明化され、完了しているかどうかの透明性を向上させることができます。さらに、ステークホルダーが状況を把握しやすくなるだけでなく、その結果としてステークホルダーとのコミュニケーションも活発になるという効果が期待できます。

●表5-6 Doneの定義でよくある質問と対策

No.1	質問	Doneの定義は、チームリーダーや上位管理者が決定してチームに落とし込んでいくほうがよいのでしょうか？ そのほうがコミットメントされている状況で早そうです。
	対策	単純に考えると、検討の時間もかからず、トップコミットメントされた形で落ちてくるので、スムーズに進むように思います。ただ、それぞれの軸は、ユーザーの業務を熟知した人、設計・開発・テストの経験が豊富な人、プロジェクトマネジメントのスキルが高い人など、これまでのスキルやノウハウをもとに、Doneの定義を検討することがほとんどです。上位管理者がそのすべてのスキルとノウハウを持っていればいいのですが、まずありえません。 それぞれのスキルやノウハウを持つ人が、どのような理由で考えたかを説明しながらDoneを定義し、かつチーム—メンバーそれぞれの思いや考え方を共有しながら、チーム全体でDoneを定義してください。そのほうが、チーム内でのDoneの定義の共有と共感が加速され、結果的に推進が早くなります。
No.2	質問	Doneの定義は、サイクルごとに毎回定義する必要がありますか？
	対策	もちろん、推進全体で共通に使えるDoneの定義もあります。たとえば、紹介した6つの軸の③「最終的に評価結果を判断できる人が決まっている（評価者の選定）」という部分は、最終評価者がほかのプロジェクト業務で時間が取れなくなってしまったなどの課題が発生しない限り、大きく変わることはないでしょう。 ただ、ほとんどの軸は、サイクルごとに再検討しなければならないでしょう。かといって、まったく新規で考え直すわけではなく、前のサイクルでのDoneの定義を活用しながら、変化点を抽出し、その変化に対してDoneを再定義する進め方で、効果的に検討ができるはずです。 また、サイクルの開始時にチームでDoneの再定義をすることは、推進上のリスクをチームで抽出することになるので、具体的なリスク対策を事前に準備しておく効果もあります。サイクルごとに必ずDoneの定義してください。

5-3 キーポイント2 動くものでユーザー価値を検証する

> **学ぶことが楽しくなる この節のエッセンス**
>
> 2つ目のキーポイント「**動くものでユーザー価値を検証する**」を使いこなす技を身につけます。
> 「仮説検証」で検証したいのは、動いているかどうかではなく、ユーザーが喜んでくれるかどうかです。この節では、短いサイクルを活用しながら、動くものでユーザー価値を検証するためにはどんな体制が必要なのか、その体制でどのように、なにを評価するのかを説明します。
> 「仮説検証」の目的を明確にしたうえで、確実に検証を繰り返すことができる自信をつけていきましょう。

　ここまでの説明で、仮説検証は実際にユーザーが利用するのと同じように動作する状態で価値を確認する必要があり、品質面でもユーザーに提供できるレベルのものを実現しておく必要があることは理解できたはずです。MVPごとに品質を確実に積み上げながら開発することだけでなく、実際に動き出したシステムが、自分たちが定義したユーザーの価値につながる仮説として正しいかどうかを検証してくとです。そのためには、動くもの、つまりプロダクトとしてユーザー価値を確実に検証しながら、短いサイクルごとに評価結果を抽出します。そして次のサイクルに確実にフィードバックすることで、迅速かつ効果的に推進をするための「プロダクトレビュー」をどのように実施するかが重要になります（図5-19）。

●図5-19　キーポイント2　動くものでユーザー価値を検証する

　ここでは、実際に検証を実施するための「プロダクトレビュー」を進めるために、最終判断を行なう「プロダクト責任者」をどのように決めるのか、また「プロダクト責任者」と一緒にどのように「プロダクトレビュー」を実施すればいいのかという2つのアクティビティについて説明します。

　動くものでユーザー価値を検証するには、2つのアクティビティが必要です。

① **プロダクト責任者を決める**
② **プロダクトレビューの実施**

●表5-7　キーポイント2でのアクティビティ

キーポイント2	詳細
動くものでユーザー価値を検証する	定義した仮説を、実際に動作するもので仮説検証を繰り返す

	内容	詳細
アクティビティ①	プロダクト責任者を決める	最終的な評価判断する責任者を決める
アクティビティ②	プロダクトレビューの実施	プロダクト責任者と評価を実施する

5-3-1　プロダクト責任者を決める

　まず、仮説検証にはどのようなメンバーがレビューに参加し、評価するのかを考えてみます。それぞれの組織によって定義されている体制や役割・責任はさまざまです。その内容によってカスタマイズが必要になるかもしれませんが、一般的な役割・責任として、どのような人が仮説検証に参加するべきで、誰がどのように評価するのでしょうか。

　仮説を検討する場合に、推進チーム全員で調査・分析・検討を実施していても、システム開発と検証を実施していく仮説検証の段階になると、システム開発に必要なスキルやノウハウを持っている専用の開発メンバーに限定された体制を構築することが多くなります。場合によっては、自社でのシステム開発経験がない場合もあるので、そのときは、システム開発を依頼できるSIerや、ソフトハウスなどのパートナー企業に開発を担当してもらうこともあります。

　このように開発メンバーが仮説を定義したチームとは別に構成されたとしても、検証のためのプロダクトレビューには、対象となる機能がユーザーにとってどのような価値を出すことができるのか、その根拠も含めて知っている仮説定義担当メンバーと、それらのターゲット機能を実際に開発したメンバーの両方が参加してください。仮説定義を実施したメンバーが、ユーザー視点でプロトタイプを操作し、使ってみることでフィードバックしていきます。開発メンバーはMVPに設定した対象機能をどのように設計して、どのようにシステム化したのかを知っているので、その対応方法も含めてディスカッションできれば効果的な検証を実現できます（図5-20）。

　ただ、違った立場の人たちに参加してもらうと、検証人数は多くなる傾向にあります。そうなると有意義なディスカッションができたとしても、どのフィードバックを反映させるのかという優先順位付けや、仮説自体を追加・変更させるべきなのかといった最終判断に時間がかかる可能性もあります。さらに、プロダクトの規模が大きいと、仮説

の検討やプロトタイプ開発を複数のチームに分けなければならないことがあるかもしれません。その場合、レビューごとにプロダクトレビューへの参加者が変わってくるという状況になることも考えられ、目指すべき「Will」を共有・共感できたとしても、フィードバックでの判断に若干の違いが出ることも否めません。

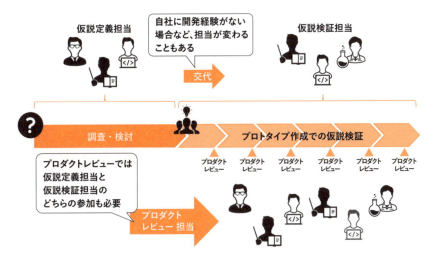

● 図5-20 仮説定義担当と仮説検証担当

このようにチームで議論はできているが、検証に時間がかかりすぎてしまう、またはプロダクトレビューごとに参加者が変わることで評価の軸がぶれるといったことに対応するために、最終的な価値判断ができる「プロダクト責任者」を任命することを強く推奨します（図5-21）。

「プロダクト責任者」を選出するポイントはいくつかあります。よくある人物パターンをいくつか列挙すると、

- ✓ ターゲットとなる市場や現場の状況をよく知っていて、今後の成長を予測できる人

- ✓ ターゲットユーザーが取り組んでいる業務をよく知っていて、ユーザーの課題やニーズを最もつかんでいる人
- ✓ 新規事業推進や業務改革などを推進した経験を持ち、ビジネスとしてとらえるスキルやノウハウを持っている人
- ✓ そもそもきっかけとなる「Will」を思いつき、強いパッションを持っている人

推進メンバーやステークホルダーのなかからそのような人を探し、今回の新規チャレンジ推進が目指す姿に合わせて、最もユーザー目線で価値判断ができる「プロダクト責任者」の役割を担ってもらってください。

「プロダクト責任者」は、目指すシステムやサービスに対して、中長期な視点も含め、ユーザー価値の最大化に責任を持ち、推進メンバーの調査・分析・検討の結果や、検証でのフィードバック内容などを考慮したうえで、最終的な優先順位を確定する役割です。

新しいチャレンジの推進には、推進メンバーの「自分ごと化」「チームごと化」により、チームが一丸となって推進できるかどうかが最も重要な要素となります。それをベースとして推進するなかで、最終的な判断ができるプロダクト責任者が存在することが、チームの拠り所にもなります。また、議論を重ねても最終判断に迷ってしまう場合に、ユーザー価値を知っていて、ビジネス化のノウハウを持っている人が最終判断してくれることで、チームに安心感を生み出すことができます。

誰もやったことがない、答えのない新しい新規ビジネス創造や業務改革への不安を少しでも減らすためにも、プロダクト責任者をチームのなかに設定してください。

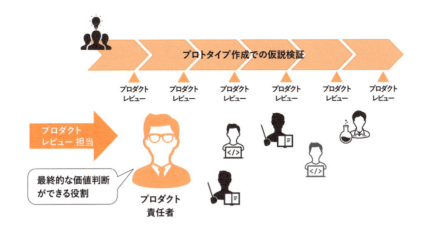

●図5-21 プロダクトレビューにはプロダクト責任者の参加が必要

5-3-2　プロダクトレビューの実施

　MVPの開発が完了し、動作できるようになれば、開発されたシステムをユーザー視点で検証するための「プロダクトレビュー」を実施します。「プロダクトレビュー」では、定義した仮説が正しいか、ターゲットユーザーにとって価値のあるサービスになっているかを設定した評価項目にそって検証していきます。

　ではどのように進めていけばいいか、具体的なアクティビティとポイントを考えてみましょう。

　「プロダクトレビュー」を実施するために、まずは検証のためのレビューを実施する日程を決めましょう。

　MVPの開発が完了したあとになりますが、一定間隔の短いサイクルを回していけば検証レビューも定期的に実施できるため、日程調整も参加する人の予定をおさえるのも楽になるというメリットがあります。レビューを実施する時間は開発するボリュームによって差はありますが、あまり長い時間を確保してしまうと、レビューする側もされる側も疲れてしまいます。また、検証が細かすぎると優先順位を決め

る時間がかかってしまうので、少し短めの時間を設定して、実施しながら必要な時間を調整してください。

　そのほか、検証レビューを実施するうえで注意すべきポイントは、図5-22の4つです。これらの内容について、順に見ていきましょう。

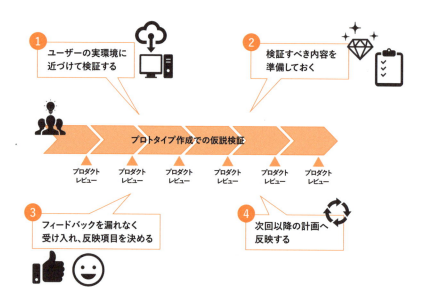

●図5-22　検証レビューを実施するうえで注意すべき4つのポイント

1. ユーザーの実環境に近づけて検証する

　ユーザーが実際に利用する環境にできる限り合わせることによって、使用するパソコンやタブレットの特性、スペックの差によるパフォーマンスの違いなどもユーザー観点でどのように感じるのかを体感できます。また、利用するデータについても、すべてをそろえることは難しいかもしれませんが、実際に利用するデータになるべく近い状態にしておくことでも効果があります。

2. 検証すべき内容を準備しておく

プロダクトレビューは、ユーザーの運用テストを実施するわけではなく、自分たちが定義した仮説が正しいかどうかを確認することが目的です。プロダクト開発を開始する前に設定したMVPでの開発機能はなにがあるかだけでなく、それぞれの機能が解決できる「ペイン」はなにか、解決できることによってユーザーが得ることができる「ゲイン」はなにかについてを事前に準備し、仮説どおりの効果を出すことができているのかを検証します。

5-2-5で説明した「Doneの定義」が重要になりますし、レビューする側、される側の双方で共有しておく必要があります。各「プロダクトレビュー」のDoneの定義を確認し、事前に準備をしておきましょう。

3. フィードバックを漏れなく受け入れ、反映項目を決める

プロダクトレビューでのフィードバックは、実際にプロダクトを体験しながらのレビューになります。口頭ベースでのフィードバックが多くなりますが、フィードバックは重要な情報ですので、議事担当を決めておくなどして、抜け漏れのないように記録しておいてください。ユーザー価値を実現できていないことや、操作感に違和感があるなどのマイナス点に対してのフィードバックは漏れなく記録に残す習慣があるかもしれませんが、実はプラスなフィードバックも重要な情報になります。ユーザーが価値を感じることができたのであれば、なぜそう思ったのか、どのような点がよかったのかなども仮説の調査・分析・検討の正しさの根拠にもなりますし、プロトタイプ開発でのユーザーインターフェースも含めた設計がよかったのかもしれません。また、継続して実施していく今後の仮説検証についての重要な示唆にもなるため、プラスのフィードバックも漏れなく記録してください。

場合によっては、多くのフィードバックを得られるかもしれませんが、すべてのフィードバックを反映する必要はありません。マイナスのフィードバックであれば、ユーザー価値の実現に対してどのぐらい

の影響度があるのかを考え、影響が大きいフィードバックを選択し、どのように対応するかを議論します。また、プラスのフィードバックについても、そのほかの機能にその内容を反映させる必要があるかどうかなども、ユーザー価値の実現をコアに検討を実施してください。

4. 次回以降の計画へ反映する

　仮説検証を進めると、「プロダクトレビュー」でのフィードバックを反映させることにより、全体の進捗計画が変わっていきます。もちろん、そのようなことは当初から想定しているはずなので、ある程度の余裕は確保しているはずです。しかし新規チャレンジだけに、どのぐらい計画に影響するのかという予測は難しいでしょう。3.の検討により、反映させる内容が決まった段階で反映内容を見積り、計画に反映させていきましょう。総合的な検証完了予定日も決まっているはずですので、最終の完了予定日に対して、定義した仮説の内容をどこまで実現するかなど、期間を意識した反映内容の精査も必要になります。

　これまで説明してきたとおり、プロダクトレビューは前半で定義した仮説を実際の形にしたときにユーザーが価値があると感じてくれるかどうか、課題や悩みを解決してくれるソリューションになっているかどうか、予想を超える「Wow!」になっているかどうかを、ユーザーの気持ちになって体験し、判断していく重要なアクティビティです。プロダクトレビューから得られた結果を開発にフィードバックするにより、製品やサービスを段階的に価値向上させていくこともありますし、逆に、仮説自体を再検討することになる場合も発生します。

　単なるシステムの評価ととらえず、ユーザー価値を確認していくものであることを忘れず、効果的かつ着実に進めてください。

●表5-8 プロダクトレビューでよくある質問と対策

No.1	質問	プロダクト責任者が多忙でなかなか捕まりません。プロダクトレビューの結果をドキュメントにまとめて、文書で確認してもらうことでも大丈夫でしょうか？
	対策	この質問はよく聞かれる内容です。 確かに組織のなかで、プロダクト責任者が務まるレベルの人はほかのプロジェクトにも関与していたり、本来の業務で多忙だったり、なかなか捕まらないことも理解できます。その対策として、「自分たちで評価した結果を詳細にドキュメントに書いておけば、プロダクト責任者が空いている時間を確認して見てくれるはず」となってしまうことも考えられます。 対策として理解はできますが、ドキュメントでの結果レビューはプロダクトレビューにはならないので、大丈夫かというとNGです。DXにおける仮説検証で最も重要なのは、自分自身で体感してみることにあります。実際に活用するユーザーの立場になって、体感して、定量化された数値に照らし合わせるだけではなく、感性の部分も含めて便利と感じるかどうか、そのシステムによって新しい改革ができるかどうかを確かめることが重要です。 そのため、詳細にまとめてあったとしても文書確認では十分な検証ができているとはいえませんし、わざわざ、開発・検証のメンバーが詳細なドキュメントを作ること自体が時間の無駄になってしまいます。 確実にプロダクトレビューに参加できる人をプロダクト責任者に任命し直してください。

No.2	質問	プロダクトレビューの結果を反映させた場合、次のサイクルの時間を使ってしまい、全体のスケジュールがずれてしまいます。それでも開発チームへのフィードバックはすべきでしょうか？
	対策	次のサイクルでの対応を開発チームにフィードバックしてください。しばらくあとのサイクルや、検証が完了してからまとめて結果について対応するといったパターンだと、せっかく仮説検証で気がついた問題点であっても記憶が薄くなってしまいます。 もちろん、そのことで全体計画に影響はあるでしょう。なるべく影響を少なくするために、検証結果で発見された課題をすべてフィードバックするのではなく、本当にフィードバックして効果が出るものをきちんと見極めて精査することは必須です。その際は、変更することでユーザーにとって価値が出るかどうかを再確認してください。そのうえで、次のサイクルでのMVP規模の縮小で調整するなどの再計画が必要になります。 その結果、全体計画に影響が出てしまい、もともと計画した最終完了日を遅らせなければならない場合は、実現しようとしている仮説のスコープをプロダクト責任者と一緒に調整してください。そのために、ユーザーにとって重要となるMVPから形にしているはずです。 必然的に後半のサイクルでは、「あったらいいな！」というレベルのMVPになっていることも多いでしょう。それらのMVPをスコープから外すことで、最終完了日を遅延させることなく、対応する再計画ができるはずです。

5-4 キーポイント3 短期間で推進チーム自体も改善

> **学ぶことが楽しくなる この節のエッセンス**
>
> 3つ目のキーポイント「**短期間で推進チーム自体も改善**」を使いこなす技を身につけます。
> 変革の旅「仮説検証」で、短いサイクルでユーザー価値は検証できるようになりました。短いサイクルアプローチのメリットは、短い期間でチーム自体も改善ができることにもあります。この節では、推進チーム自体を改善するための進め方を2つのアクティビティを使って説明します。メンバー同士がお互いを認めながら活発にディスカッションし、チームを成長させる魔法を学ぶことができます。

5-2「**キーポイント1** 短いサイクルに合わせた段階的な推進計画を作る」と、5-3「**キーポイント2** 動くものでユーザー価値を検証する」で、一定期間のサイクルで仮説検証を繰り返し、製品やサービス、または定義した仮説自体をブラッシュアップしていく流れは感じてもらえたのではないでしょうか。また、検証活動の進め方についても具体的なアプローチ方法を理解してもらえたのではないでしょうか。

最後に、製品やサービス、仮説だけではなく、チームで推進している検討方法や開発の進め方など、自分たちのプロセスについても継続的な改善をしていくポイントやアクティビティについて考えてみましょう（図5-23）。

5-2で説明したとおり、一定間隔の短いサイクルで進めていくメ

リットとして、「定期的に進め方（段取り）の見直しができる」があげられます。短いサイクルだからこそ見直しの機会が増えますし、一定間隔だからこそ、前回の取り組みと比較することで効果的な改善を実施できます。また、サービスを作り出す過程がSmall Step UPだったのと同じように、長期間の取り組みを実施したあとにまとめて改善を検討し、大きなシフトチェンジで苦労するよりは、小さな改善を早めに実施することで、導入リスクが少ない状況でチームの取り組みとして反映することができます。

●図5-23　キーポイント3　短期間で推進チーム自体も改善

　繰り返し触れたとおり、新規ビジネス創造や業務改革は正解のない新しいチャレンジです。本書で説明しているような基本セオリーが存在していたとしても、実際の推進活動は作り出すサービス、推進する企業文化や風土、推進チームの体制やメンバーのスキル・ノウハウの違いによっても多種多様な推進方法が存在します。それゆえ、それぞれの取り組みに対してメリット・デメリットが発生することが考えられます。結果的には、自分たちのチームに合った進め方を自分たちで見つけて導入していくことが最も効果的です。そのために推進活動プロセスを継続して改善してください。

　では、どのように推進活動プロセスを改善していくのか、具体的な

ポイントとアクティビティを考えてみましょう。

短期間で推進チーム自体も改善するには、2つのアクティビティが必要です。

① **チームファシリテーターを作る**
② **継続したふりかえりの実施**

●表5-9 キーポイント3でのアクティビティ

キーポイント3	詳細
短期間で推進チーム自体も改善	チームでの推進方法、コミュニケーションなどを継続して改善する

	内容	詳細
アクティビティ①	チームファシリテーターを作る	チームでの改善を推進する担当を決める
アクティビティ②	継続したふりかえりの実施	短いサイクルを活用し継続した改善を実施

5-4-1　チームファシリテーターを作る

短いサイクルを活用しながらチーム活動での改善を実施するタイミングは、「プロダクトレビュー」において開発完了したMVPをレビューし、フィードバックした内容についての優先順位付けを行なったあとです。必ずチームでの活動自体をふりかえる時間を設定してください。短いサイクルで実施していれば、頻度高くふりかえりを実施することができるので、1回1回で長い時間を確保する必要はありません。長くても1時間まで、30分程度でも大丈夫ですので、必ず定

期的に設定してください。

　チームでの継続した改善を実施するためには、なんらかの工夫が必要です。

　たとえば参加人数が多い、普段から発言の偏りがある（よく話す人と、あまり話すのが得意ではない人がわかれてしまっているなど）、ふりかえりのための進め方がわからない、あるいは推進の課題が多いことも考えられます。チームメンバーそれぞれの気づきをうまく引き出し、否定するのではなくきちんと受け入れ、認め合い、相互に議論しながら、チームの意見としてまとめ上げる必要があります。

　これらをまとめ上げるためには、継続的な改善を実施するためのファシリテーションが必要となります。ファシリテーションやファシリテーターというキーワードも、以前よりは広く知られるようになりました。

　簡単に説明すると、「ファシリテーション」とはグループでの対話や協議を円滑に進めるプロセスや手法です。話しやすい対話の場を作り、協議の目的を明確に伝え、メンバー同士の共有や理解をうながし、スムーズな合意を目指します。これは、会議の運営だけでなく、組織のパフォーマンスを向上することにも活用できます。「ファシリテーター」はこのファシリテーションを実行する役割を指し、専門的なスキルやノウハウを持ち、対話や協議を円滑に進める責任を持ちます。

　ここでは、短いサイクルを活用した継続的な改善を推進することに特化したファシリテーションについて取りあげます。

　まずは、チームのふりかえりを実施するためのファシリテーターを決めておきましょう。単純にふりかえりをまとめるだけのファシリテーターというわけではありません。仮説検証全般に対して、本書で説明している短いサイクルのプロセスを推進する、サイクルに合わせたMVPを設定する、プロダクトレビューによる検証を実施するなどの各シーンの活動に合わせて、どのように進めていけばうまくいくのかを把握しつつ、チーム全体の推進活動を客観的にとらえることがで

きる人が望ましいです。つねにチームを客観的にとらえているからこそ、うまくチームメンバーの意見を引き出すこともできるのです（図5-24）。

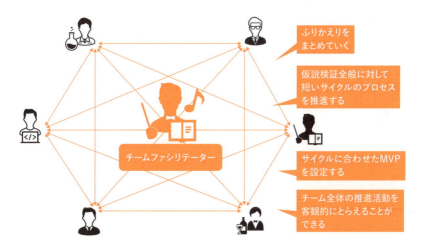

●図5-24 チームファシリテーターを作る

では、実際の定期的なふりかえりでのファシリテーションポイントを説明していきましょう。

1. **ふりかえりの着地点と、設定されている時間を最初に説明する（次のサイクルで実施できる具体的なアクションを30分で考えるなど）**
2. **話しやすい環境を作るためにアイスブレイクを実施する（雑談で和ますという方法や、チーム全員に最近の楽しかったことを短く話してもらうなど）**
3. **ファシリテーターが最終判断しないことを伝える（あくまでもチームで結論を出すことを優先する）**
4. **メンバーからの意見があれば、簡単にその意見の概要を繰り返したうえで、ホワイトボードなどにまとめていく（議事録役はほかのメンバーにお願いすることも可能）**

5. 発言された意見の意図がわからない場合は確認すべきだが、否定的な意見は出さない(「それはとらえ方が間違っているよ」といった意見はメンバーから引き出す)
6. 意見が出にくい場合は、引き出すための観点を提供する(「実際のユーザーはどのように考えるかな?」といった考えるヒントを提供する)
7. 時間どおりにまとめられているかどうか、時間配分を考えながら全体をけん引する(「あと5分ですよ!」といった指摘も効果的)

そのほかにも詳細なポイントは多数ありますが、少なくともこれら7つのポイントをおさえておけばふりかえりが活性化されます。ぜひ、チームファシリテーターを決めたうえで推進してみてください。

もちろん、最初からパーフェクトに進められるわけではありません。そんなときは、チームファシリテーターの活動自体もチームメンバーと一緒にふりかえり、継続的にブラッシュアップしていけば安心して何度もチャレンジすることができます。

5-4-2 継続したふりかえりの実施

ふりかえり自体はシンプルに進めます。事前にチェックリストを作成し、その内容にそってメンバーの意見を引き出したいという思いがあるかもしれませんが、逆にチェックリスト以外の意見が出にくくなってしまい、メンバーの改善に向けた発想に制限をかけてしまうことになります。実際に、メンバーが自分たちで推進し、活動したリアルな状況をふりかえるので、自分たちの感性で気づいたことをストレートに発言してもらえば大丈夫です。そしてそれらを共有・共感し、メンバー同士の相互作用を引き出しながらふりかえりを実施することで、より効果的で活発な議論につなげることができます。

具体的にふりかえりとして議論してもらう項目は3つだけです。1

つ目は、今回の活動を実施してみてよい成果につながった取り組みや、チームの雰囲気がプラス思考だったことなどの「よかった」と思う内容。2つ目は、思ったようにユーザー価値を実現できなかったことや、想定以上に時間がかかってしまったことなどの「うまくいかなかった」と思う内容です。まずはこの2つをディスカッションしてみてください。

　このときに重要となるポイントは、なぜそう思ったのか、どうして思ったようにはいかなかったのかといった、結果を引き出した理由も必ずセットにして発言してもらうようにしてください。結果として発生した事象ではなく、その事象を引き出した原因のほうが重要ですし、3つ目のディスカッション内容にも関係します。原因はそれぞれのメンバーが感じた内容ですので、各々で原因のとらえ方も違ってくるかもしれません。しかし、それらを間違っていると否定するのではなく、「それって、こんな原因も考えられるのでは？」といったように、自分が考える原因を伝えてふくらませていく感覚でディスカッションしてみてください。

　「よかった」「うまくいかなかった」ことの両方をリストアップし、共有・ディスカッションしたあとで、3つ目の議論として、それらをどのように対策していくのかという「やってみる」ことを考えてみてください。「うまくいかなかった」ことに対する対策だけでなく、「よかった」ことをさらに向上させる方法があるかもしれません。次のサイクルがもっとよくなるように、チームでなにをどのように「やってみる」のかを具体的に決めましょう。すべての項目に対して対策を考える必要はありません。影響度が高い項目に集中して考えてみましょう。2週間のような短いサイクルで多くの改善対策ができるかというと、時間的な制限もあります。最も効果が出るであろう3つ程度の「やってみる」を具体的に考えることが重要です。また、それらの改善活動を実践することで期待できる成果を、できれば定量的な目標値として考えておくと、次回のふりかえりでの成果確認が容易になります。

これらの3つの項目に対して意見を出し合い、具体的な改善対策を引き出すためのフレームワークとして、図5-25の「KPT（けぷと）」があります。比較的認知度も高くなったフレームワークなので経験した人も多いかもしれません。

● 図5-25　KPTのフォーマット

　まず、「よかった」ことを「Keep」としてまとめ、「うまくいかなかった」ことを「Problem」としてまとめます。そしてそれぞれのリストのなかからターゲットとなる項目を選択し、「Try」に「やってみる」ことをまとめます。このフレームワークは、それぞれの英単語の頭文字をとり「KPT」という名前がついています。左側のスペースの上から「K」「P」、右側に「T」の領域を確保しただけのシンプルなフレームワークですが、シンプルなだけに、推進メンバーの意見も引き出しやすく、具体的な「Try」をチームで決めることができます。

　後半の仮説検証フェーズでの一定間隔の短いサイクルでのふりかえりを説明しましたが、前半の仮説検討フェーズでも同じアプローチでふりかえりを実施することはできます。ただ、定期的なサイクルが決

まっていることが少ない場合は、ふりかえりだけでも定期的なサイクルで実施できるように日程を決めておけば、同じような効果を出すことができます。

仮説検証が始まるのを待つのではなく、前半の仮説検討段階からチームのふりかえりをぜひ実践してみてください。ふりかえりを定期的に継続して実践することで、システムだけでなく、チーム自体が成長していることを実感でき、チームの自信をうながすことができます（図5-26）。

☞ **定期的に実施する**
- 続けるためには、習慣にしてしまう
- 一定期間の短いリズムでふりかえる

☞ **システムだけでなく、チームの「歩み」を実感し続ける**
- 成長していることは自信につながる

推進チーム自体も継続的に改善する

●図5-26 定期的なKPTでの効果

●表5-10 プロセスの継続的な改善でよくある質問と対策

No.1	質問	チームファシリテーターをサイクルごとに交代していくというやり方はどうでしょうか？
	対策	最初のアプローチとして、まずはサイクルごとに実施する定期的なふりかえりのみに限定する場合（チームファシリテーターというより、ふりかえりファシリテーター）、前述したファシリテーションの7つのポイントをチームメンバーで共有したうえで、毎回ふりかえりのたびにメンバーを交代するという方法も効果的です。 メンバーから意見を引き出し、時間を気にしながら結論が出るようにけん引する体験をすることによる気づきは多いでしょうし、それぞれのメンバーのファシリテーションスキルの向上にもつながります。その際は、必ずKPTの最後にファシリテーション自体をふりかえる時間も設けましょう。

No.1	対策	ただし、短いサイクルを活用しながら新規チャレンジ推進をファシリテートしていくチームファシリテーターを頻繁に交代することは避けたほうがよいでしょう。それぞれのサイクルを客観的にとらえることや、どう進めれば効果的に推進できるかをノウハウとして身につけるには、それなりの時間と経験が必要になります。最低限、1つの新規チャレンジ推進プロジェクトが完了するまでは、最初に担当を決めたメンバーで継続してください。
No.2	質問	**短いサイクルでふりかえりを実施していると飽きが発生したり、単調になったりすることはありませんか?**
	対策	そのような状況が発生することはよくあります。 たとえば、2週間のサイクルを継続させ、半年間の新規チャレンジ推進プロジェクトであれば、3か月過ぎたころには6回のふりかえりを実施していることになり、発言が少なくなってくることや、単調になってくることがあります。 まず、このような状況が発生していないかどうかは気にしておいてください。発生している場合は、付箋に意見を書いてもらい、それをホワイトボードに貼ったあとに発言してもらうなどで進め方を変えてみたり、アイスブレイクで新しいパターンをチャレンジしてみたり、気分転換にお菓子を用意して雰囲気を変えるなどの方法が考えられます。 単調になってきていることに気づけばさまざまな対応を考えられますので、つねにチームメンバーへのアンテナを張っておいてください。

第6章

「自分ごと化」と「チームごと化」による推進の一体化

いますぐ知りたい 第6章の読みどころは？

> **未来を描く この章のエッセンス**
>
> 前半の「仮説定義」フェーズ、後半の「仮説検証」フェーズともに共有のベースになるのが、3つ目の軸の**「自分ごと化」と「チームごと化」による推進の一体化**です。
> この章では、推進を一体化させるために、周りの関係者も含めてチームで「共創」する、強力なチームに成長させる、企業の枠を超えてパートナーを探すという3つのキーポイントから、チーム作りの重要性を学ぶことができます。

　この章では、いよいよ3つ目の最後の軸である『「自分ごと化」と「チームごと化」による推進の一体化』について、失敗しないための実践ポイントと、具体的なアクティビティを考えてみます（図6-0）。

　何度も触れたように、新規ビジネス創造や業務改革は、正解もなく不安が付きまとう新しいチャレンジです。これまで、その不安とうまく付き合いながら、スムーズに推進するためのポイントやアクティビティを説明してきました。

　新しいチャレンジは決してネガティブな活動ではなく、ターゲットとなるユーザーや社内の同僚たちが困っている活動や、思ったようなパフォーマンスが発揮できない業務に対して、画期的な解決方法を提供できる取り組みです。場合によっては、想像している以上に生活が便利になる、誰も実践したことのない新しく画期的な業務が実現できるといった「Wow!」を感じるイノベーションを届けることができる創造的な活動です。推進を担当することになったメンバーのワクワク感も非常に大きいでしょう。他社が実現できていないイノベーション

を実現できたとき、いままで経験したことがないレベルの達成感を得られるはずです。

となれば、新規チャレンジを推進するためのモチベーションは、通常の業務を推進するよりも強くなるでしょうし、そのモチベーションを低下することなく維持できれば、それぞれのメンバーの推進パワーに変わっていくでしょう。また、ワクワク感をチームで共感することで、チーム自体の推進パワーを引き出すことにもつながります。本書で頻繁に使ったキーワードである「Will」と、6-1-2で説明する、成功経験者がまるで申し合わせたように教えてくれる「パッション」をいかに自分のなかで、そしてメンバー同士の相互作用としてチームで共感できるか、つまり、「自分ごと化」して「チームごと化」することが、新規ビジネス創造や業務改革での推進活動全体を支える重要な土台となります。

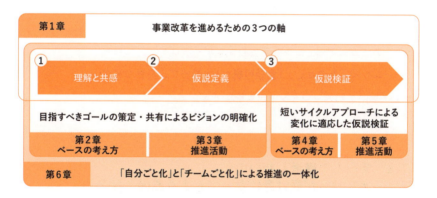

●図6-0 新規チャレンジを推進するための3つの流れと章の関連

6-1 (ベース)「自分ごと化」と「チームごと化」による推進の一体化

> **学ぶことが楽しくなる この節のエッセンス**
>
> 推進活動中に、なぜか、チームメンバーが受け身になってしまうことがあります。リーダーの指示を待つ、遠慮がちで自分の範囲を狭くするといったようなことなどです。このような現状を起きないようにしてくれるのが「パッション」です。
> この節では、「パッション」がなぜ効果を出すのか、どんなメリットがあるのか、どうすればチームで共有できるのかを「自分ごと化」「チームごと化」とつなぎ合わせながら学びます。これまで「チームの雰囲気のせい」「会社の風土」と思って、あきらめかけていたチームのパッション不足も解決できます。

6-1-1 チームで推進したいのに、メンバーが受け身になってしまう原因とは？

　新規ビジネス創造や業務改革を推進するために、推進チーム全体のパワーを引き出して、全員と協力しながら、効果的に進めていきたいという思いは誰しもあるはずです。とはいえ、チーム全員で一致団結して進めたいのに、一筋縄には行かないということも多いでしょう。いろいろな課題が発生しますが、とくに影響があるのは、推進リーダーも含めて数人は前向きにチャレンジしようという思いを持っているのに、ほかのメンバーがなんとなく空回りして受け身になって

しまっている場合です。そのような場合、受け身になっている個人に対して改善を試みようと考えてしまいがちです。しかし大半の場合は、個人ではなくチームの進め方のプロセス自体に問題があります。

　チームメンバーが受け身になっている状況を分析すると、「リーダーシップが不足している」「役割と責任が不明確になっている」「発生した課題に対する対策が遅い」などのプロジェクトマネジメントとしての分析になることが多いでしょう。もちろん、その要因もありますし、それぞれの問題点を分析し、改善することで好転する要素も多いです。しかし筆者の経験上、その奥にある根本的な問題を考えてみると、これまで説明してきた新しいチャレンジにおける「Will」の伝達と共有・共感のプロセスに問題を抱えている場合が多いようです。

　新しいチャレンジだからこそ、モチベーションが高く前向きで、いろいろなスキルを持っていて、新しいことに興味を持つようなメンバーを集めてチームを作ったはずです。ただ、「Will」がうまく共有・共感できていないと、それぞれ違ったスキル・ノウハウを持っているメンバーの一人ひとりの強い想いがつながり合っておらず、意図せず

●図6-1　それぞれの思いから相互作用が深まる

受け身になってしまっていることが考えられます。<mark>お互いを理解し、強い想いがつながることで、相互作用が深まり、自主的にアイデアを出し合い、議論し、創意工夫を繰り返すことができる強いチームになるでしょう</mark>（図6-1）。

「強い想い」という表現を使いましたが、これこそが重要なポイントです。「Will」の重要性に加えて、そこに込められた強い想いを伝達・共有することが鍵になります。その思いを一言で表現すると「<mark>パッション</mark>」です。

「パッションを共有するって、そんなに簡単なことではないのでは？」と思うかもしれません。確かに、なかなか難しいアプローチでもありますし、全員を集めて長時間の講演会をすれば一気に共有できるといった特性のものではありません。

ここからは、「パッション」を伝達・共有するためのポイントを、パッションが持っている力も含めて説明していきます。

6-1-2　パッションが推進を加速させる

筆者自身もこれまでさまざまな活動にたずさわるなかで、推進責任者である経営層の方々や、実際に新規ビジネスをけん引してきた人たちに、「うまくいく秘訣はなんですか？」と質問することがあります。そのときに共通して返ってくる答えは、「成功のいちばんの秘訣はパッションだね！」です。「そうなのですね」とお返しするものの、心ではその難しさを感じてしまいます。とはいえ、多くの成功者から同じ答えを受け取ることを考えると、パッションは新規チャレンジ成功のための秘訣だと確信が持てます。

確かに、パッションの重要性は理解できますし、「Will」もその源流にあるものはパッションです。それぞれの人たちが考えた「こんな未来を作りたい！」という「Will」には実現したい強い想いがあり、その思いがパッションとして湧きあがり、一緒に活動する周りの人々に伝

わっていきます。その前向きで強い想いが推進チームを活性化させ、新しいチャレンジに向けた活動を加速させます。

では、なぜパッションが新しいチャレンジに対してよい影響をおよぼすのでしょうか？

パッションを持つことで、推進における4つの強さが引き出されます。それぞれの強さを図6-2にまとめてみました。

●図6-2 パッションが引き出す4つの「強さ」

1. 活動を活性化させる「強さ」

パッションを持つことは活動の原動力になりますし、活動を実施する人たちのモチベーションアップにもつながります。活動のなかでのいろいろなフェーズで、「Will」が「Must」になってしまう課題についても説明しましたが、そうならないように「Will」を意識し続ける根源がパッションです。

2. アイデアを引き出す「強さ」

正解がない新規ビジネス創造や業務改革を進めていくためには、一人ひとりが考えたアイデアや、推進のための創意工夫がなければうま

くいきません。興味のないことや、「Will」を伝えないまま指示された内容については、誰しも積極的にアイデアを考えようとはしませんし、ワクワクしながら「こうしたほうがいいのでは！」と頭をひねることも少なくなってしまいます。パッションがあるからこそ、視野を広げようとしますし、とことん考え抜こうとするはずです。その結果、推進チーム全体が新しいチャレンジに対して前向きに取り組むことができ、早い段階で成功をつかむことができます。

3. 課題に立ち向かい成長させる「強さ」

　新しいチャレンジを推進していると必ず課題が発生します。検証した結果、想定していた価値を感じることができなかったということも多々あるでしょう。正解がわからないチャレンジだからこそ、これらの課題に対して解決策を考え、失敗から学び、次の仮説検証をさらによくするというのが、短いサイクルでの仮説検証の特長であることはすでに説明したとおりです。

　つまり、課題が出てしまうことを問題にするのではなく、これらの課題を解決することにより、改善し、プロダクトと一緒にメンバーが成長していくことを重視します。

　このときもパッションが大きく影響します。それぞれがパッションを持つことによって課題に立ち向かい、解決に向かおうとする力（レジリエンス）を強くすることができます。パッションがあるからこそ、前向きに、広い視野を持ち、柔軟に考え、忍耐強く立ち向かおうと思うことができるのです。

4. 周りを巻き込む「強さ」

　「Will」は1人の頭のなかで発生することが多いため、伝えるのは難しいものです。伝えるために補助的に使う文書や図など以上に、伝える力を強くしてくれるのがパッションです。たとえ自分自身が考えた「Will」があいまいな状況であったとしても、未来を目指す姿に対する強い想いや意欲を持っているはずです。これが「Will」を考えた人の

パッションです。パッションを持って伝えることによって、受け手側の強い共感を得ることができますし、ぜひ一緒にやってみたいと思ってくれるはずです。受け手自身の心に響き、頭のなかに素敵な未来がイメージできれば新しいパッションが生まれます。「Will」の伝達に合わせてパッションが伝染していくのです。

こうやってパッションを伝染させていくことが、推進メンバーやステークホルダーの知識と力を結集することにつながり、結果的に1つの推進チームとしての結束力を引き出します。パッションは周りの人々をつなげ、鼓舞する力を持っているのです。

そのほかにも、パッションが引き出す「強さ」はいろいろありますが、新しいチャレンジに大きく影響する4つについて説明しました。これまで成功してきた達人たちが、「成功のいちばんの秘訣はパッションだね！」と口をそろえる意味を少しでも感じることができたのではないでしょうか。それは決して、最初に「Will」を考えたイノベーターのパッションだけの話ではなく、チーム自体がパッションを持つ状態を作り出せるかどうかにもつながります。

続いて、たくさんの人たちのパッションがつながり、チームとしてのパッションになっていくのはなぜなのかについて説明します。

6-1-3 パッションの自分ごと化で相互作用が発生する

最初に考えられた「Will」に込められた強いパッションは、「Will」の伝達に合わせてほかの人たちに伝染していきます。パッションは心のなかにあるものなので、「Will」と同様に100％同じものを共有することはできません。受け手側はパッションを共有したときに、その人の心と頭で自分自身の考え方に変換する必要があります。そうすることで受け手自身の心に響き、頭のなかに素敵な未来のイメージを作り

上げ、パッションとして共有されていきます。

　つまり、それぞれのなかで、その人自身のパッションに変わっていくのです。その過程において重要なのは、受け手側の経験や感性がベースになることです。もちろん、相手がどのように考え、なにに期待して、どのような未来を考えているか、どのぐらい強い想いがあるのかを想像しながら、相手のパッションを感じ取ろうとするはずです。その内容が自分の経験にないことであったり、うれしいと思う感性とずれていたりすると、どうしても共感しにくくなります。

　ここであきらめてしまうとパッションの伝染が発生しません。「パッションの強さは感じるんだけど、なんだかピンとこないんだよね。でも、上司だし共感したことにして、やるだけやってみるか！」という悲しい状況にもなりかねません。パッションの伝染ができないまま、突き進んでしまうパターンです。そうなると、受け手側はほぼ間違いなく「Must」だけで動き始めます。しかし、ここであきらめない人は、自分自身の経験や感性に置き換えながら受け止め、その人自身のパッションに変換しようとします。「自分ごと」ととらえることで、その人なりのパッションが生まれます。まずは、伝わりにくいパッションだからこそ、自分なりに解釈して「自分ごと化」する必要があるという意識を持っておくだけでも効果はあります。

　それぞれのメンバーが自分なりに解釈したパッションを持つことになった場合、推進チームのベクトルがずれ始めるのでは？と心配する人もいるかもしれません。しかしそのときにチームで「Will」が共有できている状態であれば、ある意味、最高の状況ともいえます。それぞれのメンバーが違ったパッションを感じているからこそ、違った意見で議論できますし、議論の視野も広がっていきます。みんなが違ったパッションを持っているからこそ、チームとしてのよい面が引き出せるのです。新規ビジネス創造や業務革新を推進するためには、パッションの「自分ごと化」は非常に大切なのです。

6-1-4　対話する型と機会を作る

「自分ごと化」を進めるには、思いを伝えるだけでは難しい場合があります。その原因は、思いを聴くだけでは、受け手側が頭のなかで自分の経験や感性に置き換えて考えるということが十分にできていないからです。自分ごととしてとらえるには、聴くだけでなく、考えることが必要になるのです。

そのために効果があるのは、つねに考える機会を作ることです。初期フェーズの仮説検討段階であれば、誰かが文書化や図を使ってイメージ化したものを共有するだけでなく、ワークショップなどで一人ひとりが考え、議論し、チームとして一緒に考える機会を持つことは最も効果があります。ワークショップではどうしても結論を出すことを重視してしまいがちですが、それよりもメンバーそれぞれが考え、発信し、議論することのほうが重要です。これらのプロセスを活用して、一人ひとりが「自分ごと化」でき、さらに全員の議論によって「チームごと化」できるのです。

「ワークショップをするとなると、時間がかかってしまうのでは？」という心配がつい頭をよぎってしまうかもしれません。ですが、少し時間がかかったとしても、「自分ごと化」「チームごと化」できていることによりパッションの伝染ができるので、先ほど説明した4つの強さを引き出すことができ（図6-2）、結果的にワークショップ後の推進が加速されます。ぜひ、困ったときにはワークショップを実施し、みなさんのパッションをつなげてください。

また、その際には発言できていない人がいないか、付箋などを使って文字化せず、口頭だけの伝達になっていないか、みんなで議論できているかなどを気にしてください。ワークショップをどのように進めるかなどの具体的な活動方法は、後述の6-4「ワークショップ型で全員参加を実現」で説明します。

6-1-5　推進活動と並行して対話する「ふりかえり」

　新規チャレンジの推進活動中においても、「自分ごと化」「チームごと化」できる機会はあります。仮説検証では動くものができあがったときに検証を実施しますが、このとき、定義した仮説と比較してプロダクトを検証し、フィードバックを得る「プロダクトレビュー」だけでなく、第5章5-4で説明したチーム自体の進め方を検証し、フィードバックを得る「ふりかえり」を行なうことです。忘れないように必ず両方とも実施してください（図6-3）。

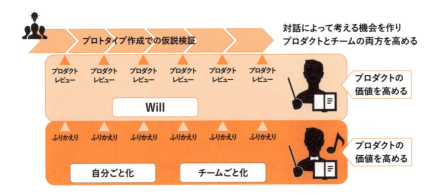

●図6-3 「自分ごと化」と「チームごと化」がプロダクトとチームの価値を高める

　「ふりかえり」は「自分ごと化」「チームごと化」できる格好の機会です。進め方は第5章5-4-1「チームファシリテーターを作る」で説明したように、長い時間をかける必要はありませんが、チーム全員でよかったこと、うまくいかなかったこと、またその両方から仮説を定義し直すべきなのか、あるいは次の仮説検証でどのような改善を実施してやり方を変えるかどうかを議論してください。
　このときにもリーダーから一方的な発言や指示にならないように、できればファシリテーターに徹して、メンバーからの発言やアイデアを重視してください。ふりかえりを実施することでメンバーが「自分ごと」で考え、チームに発信し共有できる機会が持てることが重要で

す。また、この「ふりかえり」の頻度はなるべく早いタイミングで行なうほうが効果を出すことができます。ひと月分よりも、2週間分の取り組みをふりかえるほうが記憶に残っている割合が多いですし、改善のサイクル自体も早くなるので、細かくやってみて細かく是正することができます。「ふりかえり」での効果をうまく引き出し、いち早く実践・定着させるためにも、短いサイクルの仮説検証が必要なのです。

6-1-6　実績ある型を活用しながら慣れる

　ここまでで、対話する機会の重要性と「自分ごと化」「チームごと化」のポイントをつかめたのではないでしょうか。とはいえ、実際にどのようにワークショップやふりかえりを実施すればいいのかを悩んでしまうこともあるでしょう。困ったときは「巨人の肩」に乗ってください。つまり、これまで実績があり、公開されているフレームワークやメソッドを使うのです。

　たとえばワークショップであれば、本書でも紹介した新規ビジネス創造や仮説定義で活用されているペルソナ法、SWOT分析、カスタマージャーニーマップなど、たくさんのフレームワークがWeb検索で出てきます。ふりかえりについてもKPT以外にも、KPTの拡張版やそのほかのフレームワークがヒットします。Web検索でヒットしやすいということは、いままでに活用した経験を持っている人も多いはずですので、経験者を巻き込んでファシリテーションをお願いすることも効果があります。

　数回しか経験がなくても大丈夫です。どんなフレームワークでもメソッドでも、1回や2回で完璧に使いこなせるわけではありません。全員で実践して、進め方をふりかえることで、やり方自体もブラッシュアップできます。結果的にみなさんに合った自分たちの"型"を作り出すことができますし、これらの"型"が企業の資産になります。失敗することを恐れてトライアルすることを避けるよりも、とにかくやってみよう！　という精神で前に進めてください。

チームでの推進で発生しがちな現象

> **学ぶことが楽しくなる この節のエッセンス**
>
> 「パッション」が重要とはいえ、確かに難しい面もあるかもしれません。であれば、まずは発生しがちな失敗現象を探ってみます。この節では、チームで推進するときに起こりがちな失敗現象を3つ集めました。また、それらの失敗現象を6-3以降で説明する具体的な対策方法にもつなげます。よくあるアンチパターンから、チームでの推進で失敗しないポイントをおさえておきましょう。

これまで説明してきた、仮説を定義するフェーズで大切な1つ目の軸「目指すべきゴールの策定・共有によるビジョンの明確化」、仮説定義が完了したあとに実施する仮説検証のフェーズで大切な2つ目の軸「短いサイクルアプローチによる変化に適応した仮説検証」と比べて、3つ目の軸「『自分ごと化』と『チームごと化』による推進の一体化」は、どうしても推進メンバーそれぞれの意識や、所属している企業の風土や文化に影響されやすい取り組みです。

日ごろから「自分ごと化」「チームごと化」していくことを気にしていても、推進活動のなかでは想定以外の課題が発生してしまい、苦労することもあるでしょう。場合によっては、推進活動を停滞させてしまうような課題が発生することもあります。

ここからは第2章、第3章と同様に、そのような場合によく発生する現象をピックアップしてみましょう。また、それぞれのアンチパターンに対する対応方法がこの章のどこに書かれているかもそれぞれの「現場で発生しがちな落とし穴と対策」の最後に記載してあります

ので、各節へのつながりもわかります。

第6章でまとめた現状と対策は、表6-1のようになります。

●表6-1 第6章でまとめた現象と対策

No.	内容	対策
1	推進メンバーの発言する機会が少ない	実現しようとしている目指す姿や、自分たち自身が目指すべき姿を「Will」として議論して、共有・共感
2	仮説検討担当とITシステム開発担当に距離感がある	具体化していくアプローチが実現でき、ワンチームな関係性を構築する
3	外部ベンダーに依存しすぎてノウハウが蓄積できない	お互いわからないことは相互に理解しようというスタンスを持つ

6-2-1 【現象①】推進メンバーの発言する機会が少ない

詳しくは、第2章2-1「目指すべきゴールの策定・共有によるビジョンの明確化」で説明しましたが、こうなりたいと思う「Will」と、やらなければならない「Must」のうち、さまざまな要因で「Will」への意識が低くなることがあります。意識が低下した結果、「Must」のみになっている傾向が強くなると、チームが全体的にリーダーの指示や判断を待ってしまう「受動的なチーム」になり、指示を受けてから動き出すようになってしまいます。

「Will」の意識が低下するのは、スタート時点で効果的かつ適切にチームで「Will」が共感できていても、その後、推進活動を続けている間にメンバーがその思いを発信する機会が少なくなっていることが

原因かもしれません。発信と対話が少なければ「Will」の共感が薄れていきますし、「Will」が共感できているからこそ湧き出てくる自分自身のアイデアや構想を、チームメンバーと共有し、推進活動に適応・充実させることで、活動自体を加速させることが少なくなってしまいます（図6-4）。

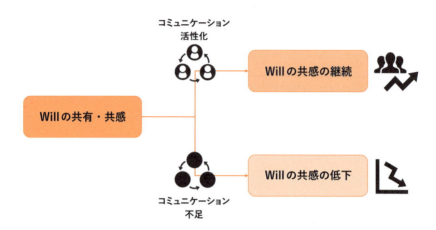

●図6-4 Willの共感はつねに変化していく

　仮説を調査・分析・検討する仮説定義フェーズでも、プロトタイプを開発して検証していく仮説検証フェーズでも、通常の業務と比較すると、深く広く調査する必要があるでしょうし、検討する項目も増えることが考えられます。つまり、単純作業よりも、頭を使って考える作業のほうが多くなる傾向にあります。

　その場合、どうしても1人で検討やプロトタイプのたたき台を作り、その結果だけをレビューすることでタスクをこなしていくというアプローチが多くなりませんか？　つまり、1人ワークの増加により発信するコミュニケーションの機会が減ってしまうのです。もちろん、1人ワークの結果はメンバーと共有するでしょう。考えた結果だけでなく、どのように分析し、どのように考えをまとめたのかといった結果を出すまでのプロセスを共有することを忘れなければ、ディスカッション

の機会も増え、各メンバーのアイデアや構想を発信する機会も増えます。

また、結果確認に注力する状況だと、リーダーやプロダクト責任者が結果判断ばかり気になってしまい、チーム全体が徐々に「Must」のみの受動的なチームになったり、アイデアや構想を発信する機会は大幅に減ってしまいます。こうなると、メンバーの相互作用によるチームの活性化も難しくなります。

現場で発生しがちな落とし穴と対策

では、上記の失敗パターンを具体的に考えてみましょう。

徐々に「Will」の共感が薄まってしまい、チーム全体が「Must」のみの受動的なチームになっているのは、コミュニケーション不足が要因であることは説明しましたが、意図的にコミュニ―ションを減らしていることはないはずです。とくに、最初に実現しようとしている目指す姿、あるいは目指すべき姿を「Will」として議論して共有・共感していれば、必然的にコミュニケーションは活発になっているはずです。それなのに、コミュニケーションを減少させていく要因は、チームの余裕が減少するところにあります。

よくあるのが、進捗遅延、課題多発、予想外タスクの割り込みです。筆者自身が経験したプロジェクトでもそのような現象が発生したことは少なからずありました。こうなるとメンバーは自分自身の作業に集中せざるを得なくなり、コミュニケーションは減少してしまいました。その結果、逆にミスが増えて課題がさらに増えてしまい、1人で抱え込むことが多くなることで進捗が遅れてしまうということにつながりかねません。俗にいう「デスマーチプロジェクト」という状況で、どんどん悪化してしまうことになります（図6-5）。

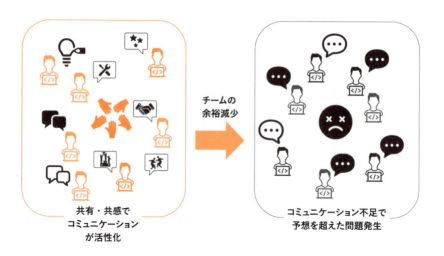

●図6-5 余裕がなくなるとコミュニケーションが不足する

　そのときに私たちがとった作戦は、無理にでも対話する時間を作ることでした。短いサイクルを実施するスタート時点（全員が作業をまだ着手していない段階）で、全員が膝を突き合わせて話ができる場所を確保し、コミュニケーションが取れる時間を作りました。前回のサイクルのふりかえりは完了時に済ませているので、次回のサイクルで大切にすべきことをチームメンバーで再確認し、ディスカッションできる機会を作りました。そのとき、対話するために決めた内容が次の4つです。

1. MVPの再認識：さらに具体的に実現すべき機能と目的の再認識
2. アーキテクチャ確認：どのような設計で進めるのかの再認識
3. テスト内容の確認：開発中に実施する各種テストの目的と項目の確認
4. 作業確認：1〜3の内容をふまえ、このサイクルで実施すべきタスクの再確認と再見積り

そんなことはどのプロジェクトでもやっているでしょ？　と思うかもしれません。ですが、実施していたとても、短時間での確認か、リーダーからの一方的な指示という形で進むことが多いのではないでしょうか。

私たちが重視したのは、それぞれの内容を再確認したいというねらいもありますが、それよりも、全員で膝を突き合わせて議論することです。ゴールやMVPなどはすでに定義されている内容の再認識ではありますが、メンバーそれぞれが疑問点なく共有できているか、またそれらを実際に開発していくときに紐づけされていて、抜け漏れなく網羅できているのかを確認するというねらいがありました。ある意味、今回のサイクルの「段取り」を全員で共有・議論する時間を作るわけです。私たちは複数メンバーでプログラミングを一緒に実施する「モブプログラミング（通称モブプロ）」というやり方の名前を拝借して、図6-6のように、みんなで段取りを考える「モブダン」という名前を付けて行ないました。結果的に課題も少なくなり、進捗状況も改善できることができました。

つまりここも、現場で発生しがちな落とし穴と対策の中身です。

モブダン

▶「モブ段取り」の略
▶ 各サイクルの開始前に計画を具体的に全員で段取る

1. 要求・仕様の共有／計画の再確認
   ・作るものを明確にし、チームで共有する「Why-What」
   ・作業タスクの再確認「Who-How-When」
2. チェック項目作成・確認
   ・テスト観点を参考にしながら、Doneの定義を明確にする
   ・この段階で不明なものを洗い出し、対応の具体化
3. 詳細設計の共有
   ・作業に突入できるように全員で詳細設計を実施

●図6-6「モブダン」の詳細

6-2-2 【現象②】仮説検討担当と
       ITシステム開発担当に距離感がある

　仮説検証フェーズに突入した際に、ITシステム開発チームが新しく立ち上がることが多くあります。自社でITシステム開発の経験者がいない場合には、外部のパートナー企業にプロトタイプ開発を依頼するケースもあります。このとき、仮説を定義したチームとITシステム開発チームが頻繁にコミュニケーションを取り合い、よい関係性を継続できている、あるいはそもそもワンチームとしての共創意識が強い場合には問題は発生しません。しかし、仮説を定義したチームから依頼し、それをITシステム開発チームが引き受けてプロトタイプを作るという意識が強くなった場合、受注→発注というスタンスに変わっていき、さらに上下関係の意識になってしまうことさえあります。そうなると、本来期待していないはずの距離感が自然に生まれてしまいます（図6-7）。

●図6-7 受発注の誤った関係

　つまり、ITシステム開発チームは、仮説定義チームからの開発の依頼が届くのを待つ受け身なふるまいが増えることになります。また、プロトタイプを開発している段階で、「これではユーザーが価値を得

にくいのでは？」と思っても、「それは仮説定義チームの責任なので、まぁいいか」といった判断をしてしまい、開発中に指摘することも少なくなります。

ここまで極端にネガティブな関係になることは少ないかもしれませんが、多少なりともこのような距離感や指示待ちの姿勢を作り出してしまい、仮説検証の推進活動にマイナスの影響を与えることもあります。

現場で発生しがちな落とし穴と対策

DXがさまざまな業種に展開されるようになり、ITシステム開発の経験者がいない企業でも取り組まれることが増えた結果、上記のような課題も多く発生しています。

一般的なITシステム開発の場合は、要求仕様書をまとめて発注し、あらかじめ設定されたマイルストーンで状況を確認することで対応可能な場合も多いです。しかし、DXによる新規ビジネス創造や業務改善の場合は、仮説定義として要求仕様をまとめたとしても、それはあくまでも仮説である場合がほとんどで、実際に開発してみて仮説検証を続けていくというやり方になるのは、これまで説明したとおりです。ですが、これまでの一般的なITシステム開発の受発注でのやり方を踏襲してしまうと、要求については発注先にまとめてもらい、受注側がそのとおりに作り上げるという流れで実施してしまいます。その場合、活動の障害になるのは、受注側が「要求仕様は発注先が決定するものである」という認識で受け身の状態になってしまうことです。

筆者自身も受注側になったときに、コストや契約の問題などが絡み合い、そのようになる場合もありました。そもそも、新規性や変更可能性が高いDXなので、発注側とワンチームで進めなければ、無駄に時間がかかってしまいます。その対応としては、発注側の「Will」を理解したうえで、その目的や背景を共有しておくことです。その結果、発注側と受注側の両方を含めた「チーム

ごと化」が実現できます。

　以前、医療関連メーカーで開発している製品のシステム再構築を受注したことがありました。発注側も十分な議論をしているはずですし、まとめていただいた要求仕様を受領してから開発という流れでもよかったのですが、要求仕様には書かれていない、発注側がこれまで具体的に議論していた内容も共有してもらうほうが効果的です。そのため、まずは対象システムを取り巻く医療業界の業務の流れや課題を詳しく教えていただき共有すること、また、どこを目指すのかをワークショップ形式でさらに具体化しました。

　こういう場合は、受注側の営業やプロジェクトリーダーだけが参加して、発注側から情報を聞き、開発メンバーに落とし込むということが多いかもしれませんが、筆者はあえて開発メンバー全員に説明会、ワークショップに参加してもらいました（発注側も関連他部門から選出）。コストがかかってしまうことになりますが、話す内容だけでなく、その背景にある思いやそれぞれの課題の深さ、発注側の人間関係、担当者の人となりなど、文書化できない情報を共有・共感することによる、メンバーの一人ひとりの「自分ごと化」と、発注側との一体感を実現する「チームごと化」を実現するためです。

　結果的に、発注側のビジネスメリットも感じながら、具体的な機能仕様についても一緒に具体化していくアプローチが実現でき、ワンチームな関係性を構築することができました。

　この課題に対する具体的な対策アクティビティは6-5「 **キーポイント2** ビジネス I ＋ IT のワンチームを構築する」で説明します。

6-2-3 【現象③】外部ベンダーに依存しすぎて
ノウハウが蓄積できない

　ITシステム開発の際に外部のパートナー企業にプロトタイプ開発を依頼している状況で、前述したような距離感のある関係になっていると、推進活動への影響だけでなく、自社の新規チャレンジ推進メンバーに、ITシステム開発でのノウハウが蓄積できないという弊害が発生することがあります。

　「開発に関するノウハウなのだから、自社に蓄積できなくても問題ないのでは？」と思ってしまうかもしれません。システム設計やプログラミングなどのソフトウェア開発スキルは任せていても大丈夫ですが、ユーザーの課題をITシステムでどのように解決するのか、また、そのときにどのような環境が必要なのかといったノウハウは今後もほかの活動にも展開できます。DXに代表されるデジタルデータの活用においては、どのようなデータを蓄積し、どのように活用するのかというノウハウは、仮説を定義する際にも必要になります。自社の情報システム部門が開発を担当している場合は、比較的聞きやすい関係性ですし、逆に開発側から説明してくれることもあるでしょう。しかし、パートナー企業に開発を依頼している場合、かつ距離感が発生している場合は、契約段階で「開発中のノウハウ共有」を明示的に伝えておかなければ実現は難しく、自社にノウハウが蓄積できない状態になってしまいます。

現場で発生しがちな落とし穴と対策

　「ITシステム開発の経験はないので、餅は餅屋でお願いします！」という感じの丸投げまではいかないものの、外部ベンダーに開発を依頼していると、積極的に自社でノウハウを蓄積する機会は少なくなります。外部ベンダーもなるべくユーザーに負担をかけないようにと、「開発のことは任せてください！」というスタンスで接してくれる場合も多かったり、あるいはなんとなく安

心して細かい部分はお任せしてしまうという状況になるかもしれません。自分たちが信用できる外部ベンダーに任せているため、そうなるのも仕方がないのかもしれません。

　ただ、DXのアプローチでは、新規ビジネス創造でも業務改革でも、ITシステムを必ず活用しますし、価値を実現するための重要な手段です。デジタルでデータをどのように収集・分析しているのかというデータ解析の領域も知っておかなければ、仮説検証でのプロダクトレビューの際に具体的なフィードバックができなくなることもありますし、新しい提案が出しにくくなるかもしれません。また、仮説検証を繰り返すため、仕様や設計の変更が多くなる傾向があります。その際に、開発側はどのように対応しているのかを知っておかなければ、変更時の全体計画への影響度がつかみづらくなります。

　たとえば仕様変更が発生した場合は、開発側が変更に必要なタスクを洗い出し、見積りを実施し、必要な対応工数を算出します。必要工数が大きく、全体計画への影響度が大きい場合は、変更対応方法を検討して短くするのか、ほかの機能を減らして時間を確保するのかといった検討が必要です。その際、開発側がどのように対応しているのかを具体的に知っていればベンダーとの調整もスムーズなのですが、知らない場合は頻繁な調整のやり取りが発生してしまい、調整だけで時間がかかってしまいます。

　対策としては、図6-8のように、お互いにわからないことは相互に理解しようというスタンスを持つだけでも変わってきます。発注側はITシステム開発のことでわからないことがある、逆に受注側は発注側の業務内容でわからないことがある。相互にわからない領域があるなら、教える・教えてもらうという関係性ができれば、双方のメリットになります。

お互いの得意分野を認めながら
それぞれの「ノウハウ」を共有

仮説定義担当
顧客や市場がなにを求めているか、どう解決するかのノウハウを持っている

⬅➡ 相互に理解しようというスタンス

ITシステム担当
ITを使うことによって課題を解決できるノウハウを持っている

⬅ 顧客の求めているもの
課題の裏にある背景

➡ IT技術で解決できること
デジタルデータの活用法

●図6-8 お互いを認め合いOne Teamで推進

　たとえば、リーダーだけでなく関係するメンバーも集めて定期的な勉強会を実施する（テーマを発注側、受注側で交代しながらも効果があります）、仮説定義段階から受注側のメンバーに参画してもらう、プロダクトレビュー後のレビュー結果での分析と反映項目の優先度を付け、変更対応検討などを発注側だけで進めるのではなく、発注側と受注側とで協力しながら進めるなど、ちょっとした工夫で相互理解の機会は作れますし、効果も得られるはずです。

　シンプルに考えると「わからないことをわからないと遠慮なく言いあえる関係」を構築することなのですが、企業をまたぐ関係、担当分野が違う、契約での制約などがあり、構築すること自体のハードルが高いなどで難しいことも多いです。ただ、「このような関係を一緒に構築しましょう！」と最初から合意しているだけでずいぶん違ってきます。意識しながら、活動を推進していきましょう。

　この課題に対する具体的な対策アクティビティは6-6「 **キーポイント3** 強みを持つパートナーと組む」で説明します。

チーム運営で「Must」だけにならないように大切にすべき内容などは第2章で解説しました。以降では、実際の推進活動のなかで、どのように対応していけばこれらの課題が発生しにくくなるのか、活動におけるキーポイントと、具体的なアクティビティを順番に確認していきます。

未来をつかむ！いま知っておきたい戦略⑧
～意思決定や協創に効果のある「エフェクチュエーション」～

「自分ごと化」「チームごと化」については、このあとにキーポイントやアクティビティを説明しますが、本書での実践後にぜひ学んでいただきたい、最近注目されている理論を紹介しておきます。

それが「エフェクチュエーション」です。新規ビジネス創造や起業活動での成功を分析して作られた理論ですが、これは、不確実性の高い状況での意思決定に適しています。意思決定だけでなく、誰とどのように共創していくのか、変化の多い状況でいかに臨機応変に動くのかなど、いろいろなヒントが含まれています。

エフェクチュエーションには、「手中の鳥の原則」「許容可能な損失の原則」「クレイジーキルトの原則」「レモネードの原則」「飛行中のパイロットの原則」という5つの原則が定義されていますが、本書のキーポイントやアクティビティにもつながる部分があります。

詳細は、以下書籍をご覧ください。

『エフェクチュエーション　優れた起業家が実践する「5つの原則」』
（吉田満梨／中村龍太 著、ダイヤモンド社刊）
ISBN：9784478110744

「自分ごと化」「チームごと化」による推進のキーポイントとは？

> **学ぶことが楽しくなる この節のエッセンス**
>
> どのように「自分ごと化」や「チームごと化」を定着させるのか、チームの「パッション」を作ることができるのかを学んできました。
> この節では、新規チャレンジを推進していくチームを充実させるための2つのキーポイントを説明します。どこにも負けない「変革のワンチーム」を目指し、勝ち抜くためのポイントをおさえておきましょう。

ここまで、新規チャレンジ推進における仮説定義と仮説検証についての実践ポイントと、具体的なアクティビティを説明してきました。それらのアクティビティを単なるツール感覚で活用するのではなく、目指すべき「Will」を実現させるために、「自分ごと化」「チームごと化」によってチームとしての「パッション」に変え、活動のベースにできれば、さらに有効活用できるはずです。

本節では、重要な活動ベースである「自分ごと化」と「チームごと化」をいかにして加速させるかを知り、みなさんの推進活動をさらに充実させる手助けをします。

新規チャレンジ推進において、「自分ごと化」と「チームごと化」による推進を一体化するためには、3つのキーポイントが重要となります。

●表6-2 「自分ごと化」と「チームごと化」を推進するキーポイント

No.	キーポイント	詳細
1	ワークショップ型で全員参加を実現	共創を実現するために、全員参加型のワークショップを推進する
2	ビジネス＋ITのワンチームを構築する	仮説を定義するビジネス検討チームと、仮説検証を進めていくITチームでワンチームを構築する
3	強みを持つパートナーと組む	得意分野を持っているパートナーを巻き込み、さらに活動を充実させる

　キーポイント1は、全員で共有・共感したのち「共創」を目指すためにワークショップを中心として一体化を引き出すこと。キーポイント2は、仮説定義・検証を推進するビジネスチームとシステムを開発するITチームがいかにワンチームを構築していくか。そしてキーポイント3は、エコシステムも視野に入れた、パートナーとの協業についての内容です。

　次の節では、それぞれのキーポイントのより詳細な説明と、活動を推進するためのアクティビティを順に説明していきます。

キーポイント1
6-4 ワークショップ型で全員参加を実現

> **学ぶことが楽しくなる この節のエッセンス**
>
> 1つ目のキーポイント「**ワークショップ型で全員参加を実現**」を使いこなす技を身につけます。
>
> 本書で頻繁に説明した「共感」は、推進活動の最重要ポイントといえます。一人ひとりの「共感」が「自分ごと化」につながり、チームとしての「共感」が「チームごと化」につながります。
>
> この節では、「自分ごと化」に変え、「チームごと化」を引き出す2つのアクティビティを使って、ワークショップをいかに効果的に活用するかを説明します。
>
> これらは、みなさんのチームを活気のあるものに変えることができます。その勇気と技を身につけましょう。

「自分ごと化」は、ほかの人が考えた「Will」や、ターゲットユーザーの課題や欲求を自分自身の経験や感性に照らして考え直してみることで、自分のなかで「共感」することです。一方「チームごと化」は、「自分ごと化」により、自分のなかで「共感」したことを自分自身の言葉で発信します。そしてチームメンバーと共有し、それぞれの感性でとらえ方が違うことを認識したうえで、異なる感性が集まったチームでなにができるのか、共感した「Will」をどのように実現するのかをチームとして「共感」することです。

6-4-1 「共感」が「パッション」になり
相互作用で「共創力」が生まれる

　それぞれの「共感」が自分自身やチームの「パッション」に昇華され、チームとして推進していく活動の原動力になります。そして、チームとして共に創り上げる「共創力」となります。10人集まったチームのパワーが10人力でとどまらず、20人力、50人力、100力になっていくことがチームでの「共創力」です（図6-9）。

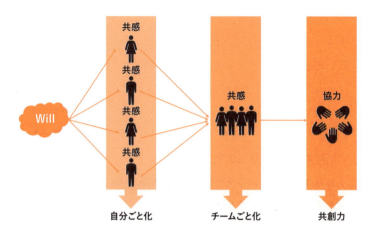

●図6-9　Willが「共創力」につながる

　これら一連の「共感」において必要になるのは「対話」です。1人の頭のなかで「共感」できたことを自分以外の人に伝えるためにはそれを発信しなければなりません。受け取る側は、聴く、見ることで「共有」できるのです。それは一方的な伝達ではなく、相互に話す、書く、描く、聴く、見るなどの手段を組み合わせる「対話」によって実現できます。つまり、「共創」には「対話」が必須な活動であるといえます。

6-4-2 「共創」を引き出すワークショップに必要なアクティビティ

　新しい創造チャレンジでの活動における「共創」を実現するには、やはり「対話」の機会を増やすことが重要な鍵となります。ただし、結果を出すことばかりに注力してしまうと、メンバー個人の作業の結果発表が多くなり、「対話」につながらないという状況になることもあります。できる限りメンバー同士が「対話」し、それぞれのアイデアを発信し、チームで検討し、検討した経緯も含めて共有し、チームの結論につなげていくほうが、かえって推進が早く進むことができますし、なんらかの課題が発生したときのチームによる修復力も高くなります。個人だけの検討に依存し、個人依存の結果で推進していると、ほとんどの場合、課題への対策は、その課題を担当した個人に割り振られてしまうことが多くなり「対話」の機会が減ってしまいます。しかし、対話による「共創」が実現できていると、チームメンバーが協力し合い、チームとして解決に向けた対策ができることになり、解決力も推進力も大きくなります。

　このような「対話」の機会を増やすには、分析・検討などの活動をワークショップ型に進めることが最も効果を発揮します。単なる口頭だけのディスカッションとしての「対話」と比較して、検討する内容をアジェンダによって明確化し、フレームワークやテンプレートなどを活用することになるため、検討に必要な方向性をわかりやすく示すことができます。

　また、付箋などを活用して言語化・イラスト化することで、発信側の頭の整理と受け取り側への効果的な共有が実現できます。さらに、検討した結果だけでなく、検討までにたどった経緯も可視化されるため、一緒に確認することができます（図6-10）。ワークショップ型での推進には、必然的に、相互に話す、書く、描く、聴く、見るなどの手段が盛り込まれているのです。

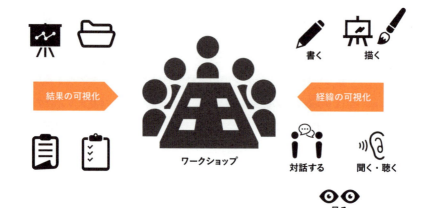

●図6-10 ワークショップによる可視化

　ワークショップのファシリテーターには、スキルとノウハウが必要です。第5章5-4「短期間で推進チーム自体も改善」で説明したように、「話しやすい場づくりや議論に中立であることをベースにしながら参加者のアクションを引き出す」「参加者の対話を否定型ではなく認め合ったうえで意見をぶつけ合いふくらませていくように導いていく」「最終的な結論の方向性は予測しつつも引っ張っていくのではなく、背中を押すように導いていく」などのテクニックが必要になります。

　これらのテクニックを絶妙に使いこなせるようなファシリテーターが推進チームのなかにいる可能性は少ないかもしれません。しかし場数をこなしていくことでのスキルアップも期待できます。推進チームのなかでファシリテーターを担当するメンバーを決め、<u>ステークホルダーも含めた推進チーム全体で効果的な「対話」を頻繁に実現できる体制を構築しておくことは、推進するうえでも非常に重要なポイント</u>なのです。

　ここまで、推進チームの「共創」を実現させるための「対話」の重要性を説明しました。理想的なチーム像は理解してもらえたかと思いま

すが、もう少し具体的で取り組みやすいアクティビティも気になるのではないでしょうか。

ここでは、ワークショップ型で実践できるポイントとアクティビティについて、「自分ごと化」と「チームごと化」のそれぞれについて解説します。

ワークショップ型の実践には、次の2つのアクティビティが必要です。

① **「自分ごと化」に変えていく**
② **「チームごと化」を引き出す**

●表6-3 キーポイント1でのアクティビティ

キーポイント1	詳細
ワークショップ型で全員参加を実現	共創を実現するために、全員参加型のワークショップを推進する

	内容	詳細
アクティビティ①	「自分ごと化」に変えていく	自分自身の経験や感性に照らし合わせ「共感」し、「自分ごと化」する
アクティビティ②	「チームごと化」を引き出す	メンバーそれぞれを活かすことで、「チームごと化」を引き出す

6-4-3 「自分ごと化」に変えていく

自分自身の経験や感性に照らし合わせた「共感」で「自分ごと化」することによって、なぜチャレンジしようという意欲につなげることができるのか、自分自身で考えてアイデアを生み出すことができるのか。

これらの「自分ごと化」によるメリットを解明することによって、推進チームの「対話」を活性化させるヒントになる可能性があります。

では、「自分ごと化」について、詳しく考えてみましょう。

実現したら自分自身がうれしいと思うことをやる

「Will」やターゲットユーザーの課題、欲求については、思いついた人の経験や感性で感じることから始まっています。経験や感性は人によって違いますので、それらを聞いただけだと、「恐らくその人はこう考えたのだろうな」という予測によって判断してしまいがちです。しかし、それらを「自分ならどう感じるだろう」と自分自身の経験や感性に照らし合わせることによって、自分の思考と感性を活用することになり、深い理解を得ることができます。大半の人は意識しないまま照らし合わせているかもしれませんが、あえて意識して照らし合わせることで、理解を深めるだけでなく、新しい発見を得ることができます。

「自分ならこう考えるんだけど」と意識することは、自己肯定感を引き出す効果もあります。自分自身に自信が持てない、つまり自己肯定感が低い場合には、「その人は専門性が高い人だからそんな課題を感じることができるのであって、自分はそんなことを考えられるレベルではない」と感じて思考を止めてしまい、他人ごとにとどまってしまうことも考えられます。

そうならないように、「Will」をどう感じたのかを伝える場合は積極的に「自分ならどううれしいと感じたのか」を表現しましょう。自分がうれしいと思ったことを発信することは、自分自身の感性や価値観をメンバーに表現することになり、周りに認められるという自己肯定感の向上につながることにもなります（図6-11）。

●図6-11 自分がうれしいと思ったことからつなげる

　　　　自己肯定感の向上につながることで、自分は他人とは違う自分自身であるという確信や、チームに貢献できているという自信につながります。そして自分が興味を持っていることや、好きだと思う感性に従って考えを発信できるうれしさを感じることができます。うれしいことだからこそ、それを突き詰めていこうと思うのです。「自分ごと化」がここまで自分自身の深層心理につながっていることを明確に意識する機会は少ないと思いますが、無意識に自分の自信につながっているはずです。

　　　　自分がうれしいと感じることができる喜びは大きいですし、活動のモチベーションになります。「Will」を「自分ごと化」で共感することは、その「Will」に対して自分自身がうれしいと思えることにつながり、「やりたい！」という機動力を引き出すことになるのです。

　　　　またこのことは、最近よく耳にする「Well-being（社会的にも心身が満たされた状態）」にもつながります。自己肯定感が向上し、自分を認め、自分らしく、自分のうれしいと思えることが実現できれば、

幸福感や生きがいを感じることにもつながります。Well-beingが高いチームでワクワクしながら仕事を推進できるようになる鍵は、「自分ごと化」なのです。

6-4-4 「チームごと化」を引き出す

「自分ごと化」には自分の理解を促進するだけではなく、Well-beingを高めることにもつながることが理解できたでしょうか。では、メンバーそれぞれが「自分ごと化」したうえで、それらをチームとして共有し、共感する「チームごと化」する推進効果とはなんでしょう。

「チームごと化」は、チームとしてのWell-beingを高めることにもつながりますが、それは以下のような効果があるからです（図6-12）。

メンバーそれぞれの専門性を活かす
- ✓ 自分自身の専門性認識
- ✓ メンバー同士の相互作用
- ✓ 強さの連携によりさらなるパワーを引き出す

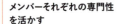
主従関係ではなく、フラットな立場を重視したOne Teamの実現！

それぞれの役割と責任の明確化
- ✓ 得意分野を割り当て
- ✓ 責任感を引き出し
- ✓ お互い助け合うチーム

ベクトルを合わせ、迅速な意思決定
- ✓ 目指すべき価値の共感
- ✓ チームの「Will」の共感
- ✓ 自律的なチーム

●図6-12 「チームごと化」はチームとしてのWell-beingを高める

1. メンバーそれぞれの専門性を活かすことができる

「自分ごと化」により、うれしいと思えることを再認識し、自分自身の専門性を明確化することにつながります。それぞれに違った専門性を有効活用し、メンバー同士の相互作用を引き出すことができれば、チームとしても強くなることができます。

2. それぞれの役割と責任を明確化できる

それぞれの専門性や得意な領域に合わせた役割を設定し、その役割がどのような責任を担うのかを明確にすることで、責任感を引き出すことができます。そのため、自分自身の作業に集中し効率的に実行しながら、お互い助け合うことができるチームを実現できます。

3. チームが進むべきベクトルが合っていることで、意思決定が早まる

「自分ごと化」により、メンバーそれぞれが目指すべきターゲットユーザーの価値への理解を深めることができていれば、それらを共有し、共感することができ、チームとして目指すべき「Will」が明確化されます。その結果、推進活動においても、チームが進むべきベクトルが合っている状態になります。つまり、リーダーが「こっちだぞ！」と引っ張り続けなくても、メンバーが自律的に協力し合いながら推進していくことができるのです。この状態はチームの意思決定を速め、結果的に推進が効率化され、加速することになります。

これらの「チームごと化」の効果により、チーム全体のコミュニケーションが活発になり、生産性が高く、かつ変化に柔軟に対応できるチームになることができます。

では次に、「チームごと化」を進める起爆剤となるアクティビティを紹介しておきましょう。

チームのビジョンを描く

まずは「チームのビジョンを描く」ことです。

「そんなことはキックオフにできていて、もう共有できていますよ！」という反応が返ってきそうですが、みなさんのいままでの取り組みをふりかえってみてください。

たいていの場合は、推進リーダーやプロダクト責任者、または推進を承認してくれた経営層がビジョンを示し、その内容をチームのキッ

クオフでメンバーに発信し、共有することからスタートしていませんか？　もちろんビジョンをまったく示すことがない状況のまま推進を開始するチームよりは、断然効果があるアプローチではあります。しかし、一方的な発信と共有は、リーダーが描いた「ビジョン」をチームメンバーに「ミッション」として「落とし込んでいる状況」です。とくに「Must」が強い風土・文化を持つ組織であれば、チームメンバーは「よしやるぞ！（Will）」と感じるのではなく、「やらなければ……（Must）」という受け取り方になってしまう可能性があります。

　「チームごと化」するためには、<u>チームメンバーが自ら考え、ディスカッションし、自分たちが納得できる「ビジョン」を自分たち自身で描く</u>必要があります。この過程を実行できなければ「チームごと化」は実現できません。

　とはいえ、何日も時間をかけて検討を繰り返し、慎重に議論し、ビジョンを策定する必要はありません。シンプルかつ的確に自分たちの目指すべき方向性を言語化し、ビジョンとして描けばいいのです。

　たとえば、次のようなシンプルな項目をチームメンバーとディスカッションしながら、あまり難しく考えずに言語化してみてください。説明が冗長にならないように、シンプルに表現できることが重要です。図6-13にチームビジョンのサンプルを作っておきました。

1. **実現したいこと**……なにを実現しようとしているチームなのか
2. **強みはなに**……チームの強みはなにで、どう活かしていくのか
3. **最も重要なこと**……推進するうえで最も重視することはなにか
4. **キャッチコピー**……チームのビジョンを周りに伝わるようにシンプルに表現するとどのようなものになるか

> チーム「ひらかわ」は
>
> DX推進がなかなかうまくいかないクライアントのために、
> 「クライアントが自走できるように伴走するサービス」を実践します 〔実現したいこと〕
>
> 私たちは「一人ひとりが強い専門領域」を持ち、
> それらを組み合わせることでクライアントのパワーを引き出すことができます 〔強みはなに〕
>
> 私たちは「お互いを尊重し、認め合うこと」により、自分たちのパワーも 〔最も重要なこと〕
> クライアントのパワーも引き出すことを知っています
>
> 「あなたのWillを、あなた自身が作り出すことをお手伝いします!」 〔キャッチコピー〕

● 図6-13 チームビジョンのサンプル

　そのほかにも、組織の風土や文化に合わせて追加したほうが「チームごと化」につながる項目もあるかもしれません。その場合は、ぜひチームとして追加してみてください。

　<mark>「ミッション」として落ちてくるのではなく、自分たち自身が「ビジョンを描く」ことが「チームごと化」する第一歩になり、推進活動が活性化される柱にもなります。</mark>リーダーは自分の「パッション」を伝え、共感してもらえるまでで大丈夫です。あとはメンバーに「チームビジョン」を描いてもらい、できあがった「チームビジョン」に合わせた活動ができているかどうかを確認していけばよいのです。

第6章　「自分ごと化」と「チームごと化」による推進の一体化

事例
株式会社永和システムマネジメント
～未来を自分たちでカタチにする「さきのこと」の取り組み～

　永和システムマネジメントの取締役CTOである岡島幸男さんのアジャイル経営カンファレンスでの講演で聴かせていただいた「さきのこと」という取り組みがあります。本書の内容にマッチしていたので、担当の常務取締役の宮下和久さんにも聴かせていただいた話の詳細もあわせて事例として紹介します。

　永和システムマネジメントは、1980年創業の福井県に本社を置くソフトウェア受託会社です。受託の実績としても非常に安定しており、アジャイルコンサルティング、トレーニングなどの事業も行なっています。代表取締役社長の平鍋健児さんは日本にアジャイルを持ってきた第一人者でもあり、アジャイルでは先頭を走る企業でもあります。

　このような背景を持つ永和システムマネジメントが2023年8月から、社会課題の解決にAgilityをもたらすことをミッションに新しく始めた取り組みが「さきのこと」です。社会の課題に対して、これまで培ってきたICTやET技術を活用したソリューションを自分たち自身で考える取り組みです。

「さきのこと」とはなにか

　現在、きっかけを作った宮下さんを含め、8名の社員が活動を

続けています。社会の少しだけ「さきのこと」と、私たちの少しだけ「さきのこと」を目指そう！ をあわせて命名されています。

ソフトウェア企業が受託の枠を超えて、新しいソリューションを考えようという取り組み自体はよく聞きますし、実際に私自身もソフトウェア企業で働いているときに担当していました。

「さきのこと」とはなにか
「いままでのこと」の問題

【社会】
短期的に金銭効果をもたらすと事前に語れないICT投資は行なわれない。
人海戦術などにより、当面しのげる場合、カイゼン的ICT投資は行なわれにくい。

社会課題・行政課題であっても、中長期的に明らかにリスクが予見される課題であっても、いまは、ICT投資は行なわれない。

【私たち】
綿密に立てた売上計画は、投資コストからの逆算で、強い根拠を持っていない。
そして投資コストは、超過する傾向にある。

過去最大の成功体験は、開発体制維持レベルであり、脱受託には至っていない。

ICT投資を断念した場合、残る資産は、たずさわったメンバーの経験値に限られる。

「儲ける」を前提としない分野に、新しい価値が潜在していないか。
「儲ける」を計画する活動は、正しく意味があるのか。
活動が停止したときにも、残せる価値はないか。

しかし、「さきのこと」には大きな特長があります。通常、企業のなかで新しいソリューションを考えようという取り組みを実施する場合、そのほとんどは「儲けを出す」ことが前提となります。トップコミットをもらうためにプレゼンを実施するときには、「○年に△億円の売り上げを見越しています」というような、市場の分析結果、競合他社の状況、販売戦略・実施計画と、収益見込みなどをセットでビジネス目論見を説明するでしょう。ですが、「さきのこと」は儲けを出すということを前提にしていません。自分たち自身で身近な社会課題を見つけ、アイデアを出し合い、そのなかから、「これをやりたい！」と自分が思うものを見つけます。

やりたいと思うことを具体的に企画していきますが、その際に

競合は調べません。マネタイズ、収益モデルなどの金額面を書くこともダメです。その代わりに、その取り組みによって課題がどのように解決されているのか、その取り組みにより、対象となるユーザーが想像以上の喜びを得ることをできているのかを重点的に考えるのです。すでに、関連した方々や地域との実証検証もいくつか実践されています*。

　活動としては外部のコンサルタントに来てもらったり、ビジネス企画のための書籍を読んだりすることもないそうです（ということは、本書も手に取ってもらうことがなさそうですが……）。始めた段階から自分たちで考え、わからないことは対話しながら、実践してチームでふりかえり、改善していくというサイクルで動いています。

「さきのこと」行動規範

　この行動規範から、自分たちの「Will」を強いパッションで実践しながらメンバーを尊重し、対話を大切にし、とにかく課題が発生している現場や社会の動きを観察しながら、失敗を恐れず果敢に攻めていく姿をイメージすることができます。「自分ごと化」「チームごと化」を非常に大切にしていることを感じますし、取り組み自体も自分たち自身でやり方を模索しながら改善し続けています。

＊ 取り組みの具体的な詳細：https://sakinokoto.esm.co.jp/

競合は調べない、収益モデルは書かないといったところは、本書で説明している内容と違う部分ですが、それも決して間違いではなく、素晴らしい取り組みです。

　「さきのこと」のビジョンを明確にすえ、社会と自分たちの両方を大切にしながら進めることで、立ち上げから9か月目の段階で、外部の力を借りることなく、すでに自分たち自身の"型"ができていると感じました。

　「さきのこと」は、少なくとも3年間は継続するそうです。今後もどんどん新しいソリューションが生み出されるでしょう。「さきのこと」発信のたくさんのワクワクが登場することを期待しています。

　また、「さきのこと」のメンバーが考えたソリューションのアイデアは「JUST IDEA」としてWebで公開されています（https://sakinokoto.esm.co.jp/plans/just-ideas）。

「さきのこと」で考えたソリューション「JUST IDEA」

キーポイント2

6-5 ビジネス＋ITの
ワンチームを構築する

学ぶことが楽しくなる この節のエッセンス

2つ目のキーポイント「**ビジネス＋ITのワンチームを構築する**」を使いこなす技を身につけます。
仮説を定義した「推進チーム」と、仮説をカタチにする「開発チーム」に壁ができないよう、ワンチームを作るための相互理解と、各々をつなぐための2つのアクティビティを使って説明します。
どんなパターンでもワンチームを実現できる、ちょっとした技とスタンスを身につける方法を解説します。

　仮説検証フェーズにおける仮説を定義したチームとITシステム開発チームの間に壁ができるという課題は頻繁に発生し、推進にマイナスの影響をおよぼすことが多い要因です。

　これらはITシステムを導入する際に発生しがちな課題ですが、DXによる新規ビジネス創造や業務改革を進めるときにもよく発生してしまう課題です。仮説定義チームとITシステム開発チームは担当する役割も明確なので、基本的には効率的に進められるはずです。しかしその半面、ちょっとしたことで分担する領域を過度に強調してしまい、「ここまでは私たちが担当するけど、ここからはあなたたちの担当ですよ」といった境界ができてしまいます。意図せず丸投げになってしまうなど、セクショナリズム（自部署の利益を最優先し、外部に対して非協力的）からの弊害が発生してしまうこともあります。

6-5-1 「ビジネス定義」と「IT構築」の壁を取り払う

　ビジネスとしての仮説定義は企画部門の役割で、「仮説検証のために開発するのは開発部門の役割です」という境界はどうしても存在します。ただ境界を強調しすぎると、もともと部門の壁を越えて目指すべき「Will」を共有・共感してスタートしていたのに、だんだん関係が疎遠になることがあります。「企画部門はシステムの仕様までは決めるけれど、それが実現するかどうかは開発部門に丸投げ」になってしまいます。かたや、開発部門は、「どのように作り出すのかという部分と、できあがったプロダクトの品質に関する責任は持つが、なにを作るのかは企画部門からのインプットを待つ」という極端なせめぎあいが発生してしまうこともあります。結果的に、実現方法を知らないビジネス検討側と、なんのために作るのかを気にしないIT側という図式ができてしまいます（図6-14）。

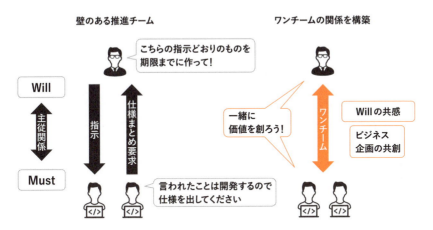

●図6-14　ビジネス＋ITのワンチーム関係

　さすがにここまで境界を引いてマイナスな関係を構築してしまっていることは少ないとは思いますが、部門の壁は新規チャレンジ推進活動に対して、多少なりとも影響を与えている課題であることも確かで

す。世界中で「これではまずい！」という認識が広まり、「内製化」というアプローチが広まりつつあるのは、これらの課題に対する解決策でもあります。

　DXによる新規ビジネス創造や業務改革の推進に戻って考えると、仮説を定義する「ビジネス定義」のフェーズと、プロトタイプを開発して仮説検証をしていく「IT構築」のフェーズがあります。仮説定義で仕様が確実に確定し、検証時の変更が発生しないなら、「ビジネス定義」と「IT構築」を完全に分離して、担当も分けて進めることができるかもしれません。しかし正解のない新しいチャレンジでは、このような形になることはありえません。ありえないからこそ、仮説検証を繰り返し実施し、「ビジネス定義」と「IT構築」を行ったり来たりしながら、総合的に判断し続けることで、ユーザー価値を最大化させようとしているはずです。そのためには、図6-14のように壁のある推進チームではなく、ワンチームの関係構築を目指す必要があるのです。

　部門の壁を越えて、相互に協力できるビジネス＋ITのワンチームを構築するには、次の2つのアクティビティが必要です。

① **お互いに助け合えるチームにする**
② **つなぐ役割を立てる**

●表6-4　キーポイント2でのアクティビティ

キーポイント2	詳細
ビジネス＋ITのワンチームを構築する	仮説を定義するビジネス検討チームと、仮説検証を進めていくITチームでワンチームを構築する

	内容	詳細
アクティビティ①	お互いに助け合えるチームにする	領域を認め合いながらも、相互に協力し合えるチームを作る

アクティビティ②	つなぐ役割を立てる	お互い助け合えるチームを作るために、つなぐ役割を立てる

6-5-2　お互いに助け合えるチームにする

　6-4-4でも説明した「チームごと化」が実現できていれば、メンバーそれぞれの役割と責任を明確にすることができ、メンバーの専門性や強みを活かしたチームができているはずです。「ビジネス定義」を得意とするメンバーが仮説定義を担当し、「IT構築」を得意とするメンバーが仮説検証のためのプロトタイプ開発を担当しながらも、それぞれの強みを活かした相互に協力し合えるチームができているはずなのに、なぜ壁ができてしまうのでしょう。

　その原因の1つは、やらない領域を増やしてしまうことです（図6-15）。役割と責任が明確化されているからと、自分自身の責任範囲を狭くして、それ以外はタッチしない領域を決めてしまうという現象です。決して放棄する領域を増やしているからではなく、その領域の専門家がいるので、そこは専門家に任せて邪魔をしないようにしようという心遣いから領域を決めている場合のほうが多いのではないでしょうか。

対話と相互作用ができている

「やらない領域」を増やし
気づかないうちに壁ができている

● 図6-15　やらない領域を増やすことで壁ができる

ただ、それぞれの領域を狭くしていくと、チーム全体を見たときに、ところどころ誰もタッチしない領域が徐々に増えていく危険性があります。チームとしての網羅性が不完全になってしまう状況です。
　このようにならないためには、チームで「強みを活かせる役割は明確にするが、やらないことを決めない」というルールを決めることで防ぐことができます。メンバーのスキルやノウハウを発揮できる役割は明確にしておいたほうが、それぞれ担当するタスクをこなしやすくなりますが、それぞれ課題にぶつかることもありますし、新たにこなさなければならないタスクが増えることもあります。せっかく「チームごと化」できているチームであるなら、それぞれのメンバーが助け合い、相互に協力し合えるチームになるべきです。そうなれば、発生課題の早期解決、タスクの実施漏れなどを防ぐことができ、効率的な推進が実現できます。

6-5-3　つなぐ役割を立てる

　このようなチームルールだけでは解決できなかった場合、もしくは「IT構築」を外部のパートナー企業に依頼していて、「強みを活かせる役割は明確にするが、やらないことを決めない」というルールを伝えているものの、契約の制限などでどうしても領域外にまで広げることができないといった課題が出る場合があります。そういったときには、「ビジネス定義」と「IT構築」の関係をつないでいく役割を置くという方法があります。
　プロダクト責任者が定義されていれば、プロダクトの価値を判断できる立場でもあるため、関係をつないでいく役割に適しているかもしれません。また、新規ビジネス創造や業務改革の全体的な進め方とポイントを理解していて、目指すべき「Will」を共有・共感できており、「ビジネス定義」「IT構築」ともに課題を抽出でき、意見の衝突が起こらないように各メンバーの発言を引き出し、推進チーム全体のスムーズな運用につなげていける人であれば、それぞれが相互に助け合うこ

とができ、無駄のない活気ある関係を作り出すことができるはずです。

せっかく短い一定期間のサイクルで変化に強い素早い検証活動を実施しているのに、「ビジネス定義」チームと「IT構築」チームにコンフリクトが発生し、どちらかのチームが受動的になってしまうと、調整のための本来必要のない時間とコストがかかり、想定していたパフォーマンスが発揮できなくなるといった状況に陥ります。そうならないように、先に示したようなポイントとアクティビティで、コンフリクトが発生しない対策を実施しておいてください。

未来をつかむ！いま知っておきたい戦略⑨
〜アジャイルを経営として考える「アジャイル経営カンファレンス」〜

　本書ではデザイン思考やアジャイルのキーワードをあえて使わずに、新規事業創造やDXによる業務改革を推進するためのポイントを説明しましたが、第4章、第5章だけでなく、第6章も含め、アジャイルの要素がベースになっています。

　本書でも解説してきましたが、アジャイルを単なるソフトウェア開発のやり方だけに絞り込まず、経営に適応させることで組織全体を活性化することができます。私たちは2022年から、アジャイルを経営として探求するための活動の場として、「アジャイル経営カンファレンス」を設け、運営しています。

　この書籍も、アジャイル経営カンファレンスの活動がきっかけになっているのも確かですし、今後も、関連した書籍をアジャイル経営カンファレンス実行委員のメンバーから送り出せればと思っています。

　毎年1月ごろに開催される「アジャイル経営カンファレンス」は、以下のWebサイトに詳細がアップされます。ぜひご参加ください。

アジャイル経営カンファレンス
https://agile-keiei-conf.jp/

6-6 キーポイント3 強みを持つパートナーと組む

> **学ぶことが楽しくなる この節のエッセンス**
>
> 最後の3つ目のキーポイント「**強みを持つパートナーと組む**」を使いこなす技を身につけます。
> とがった技術やノウハウを持っている企業に発注するのではなく、共創できるエコシステムを作り出すほうが、変革の勝率が高まります。とはいえ、エコシステムを構築するにもテクニックが必要です。自社の強みを客観的に分析するというアクティビティを通じて、まずは一歩踏み出すノウハウを本節から手に入れてください。

　日本では若干遅れている傾向にありますが、世界的に、自社のみで製品やサービスを作り上げてしまうのではなく、強みを持った企業や研究機関と提携し、相互連携しながら製品やサービスを作り、保守運用も含めた価値の提供を一緒に実現させる「エコシステム」を構築する傾向が強くなってきています。自社では不足しているスキル・ノウハウを持つ企業または個人をパートナーとして選び、交渉のうえ、ワンチームとしての「エコシステム」を構築し、企業の枠を超えて、「共創」体制を作り出すのです。

6-6-1 「共に作っていく」対等な関係を構築する

　エコシステムがこれまでの受発注をベースとした企業間連携と違う点は、「一部を発注して作ってもらう」関係ではなく、「共に作ってい

く」という、できるだけ対等な関係構築を目指すことです。そのほうが推進もスムーズですし、加速することができます。お互いの弱い部分をお願いして相互協力することで、目指すべきシステムやサービスを早めにユーザーに提供することができます。

では、強みを持つパートナーを探し出すために、まず実施しなければならないポイントを説明しましょう。

強みを持つパートナーと組むためには、次のアクティビティが必要です。

① 自社の強みを言語化する

●表6-5 キーポイント3でのアクティビティ

キーポイント3	詳細
強みを持つパートナーと組む	得意分野を持っているパートナーを巻き込み、さらに活動を充実させる

	内容	詳細
アクティビティ①	自社の強みを言語化する	自社の強みを言語化することで、共創パートナーを見つけやすくする

6-6-2 自社の強みを言語化する

協力できるパートナーを探す前にまず必要なことは、<u>自社の強みと弱みを分析する</u>ことです。

第3章3-3-4で説明したSWOT分析を活用すれば、自社の強みと弱みを分析できるはずです。ただ、SWOTのフレームワークは記述する場所を定義しているだけなので、どのような項目で分析すべきか詳

細な記述ルールが決まっているわけではありません。必要に応じて、SWOTでまとめた内容をさらに詳細化することも必要ですし、SWOTとは違った観点で分析してみることも必要です。

　詳細に検討するための項目としては、内部要因であれば、技術、ビジネス検討、リソース、体制といった項目です。外部要因であれば、強い業界や領域はどこか、これまでどのような実績を積んできたのかといった項目もあります。それぞれ必要な項目を考えて、自社の強い部分と弱い部分を分析してみてください。

　注意することは、実現したい「Will」を先に決めておかなければ、分析が発散してしまうことです。たとえば「ChatGPTがこれだけ話題になっているのであれば、私たちもなにかしなければ！」といった、社会動向に合わせて最新の技術を起因とした新規事業に迅速にチャレンジしようとするあまり、「Will」があいまいなままスタートしてしまうと、なんのためにその技術を活用するのかが決まっていない状況のため、自社の技術の強みと弱みの適切な分析ができません。そのほかの分類も同じような傾向になる可能性もあります。まずは<u>目指すべき「Will」を具体化して、ある程度の方向性が定まった時点で自社分析を実施</u>してください。

　第一に、自社がどのような姿を目指すのかという企業としての「Will」を定義し、その内容に合わせて、自社の強みと弱みを分析します。その結果、強い部分をさらにのばすことに適したパートナーを選択するのか、逆に弱い部分を強くすることに適したパートナーを選択するのかを判断するだけでも、その後の活動は大きく変わってきます。社会がスピードアップしてきて、既存の企業間連携だけでは解決できないことが増えてきているのは確かで、新しい形の「エコシステム」を構築する必要もあります。そのためには、まずは自社の目指すべき姿と自社の強みを分析して、相互作用を生み出し、共創できるパートナーを探してみてください。

トランスフォーメーションの成功を目指して
〜あとがきにかえて〜

　最後まで読んでいただき、ありがとうございました。

　企業にとって新規事業創造や業務改革は、創業したときからつねに取り組まなければならない活動であり、決して目新しい活動ではありません。社会が変化し続けていく以上、B to BであれB to Cであれ、ユーザーの環境もニーズも変わり続けます。「DX」というブームのキーワードが最近では「生成AI」に移りつつあるように、技術は進化し続け、たえず追いかけ続ける必要があります。そんななか、「デザイン思考」や「アジャイル」もようやく普及・定着しつつありますが、新しい方法論やメソッドも生まれてきます。つまり、企業にとって継続して推進しなければならない新規事業創造や業務改革は、つねに、その時点での社会環境に合わせてビジネス成果につながる仮説を立て、検証し、成果を社会に届けていく必要があります。その分、既存の業務と比べて、活動のなかに新規要素が含まれる割合が高くなるのは当然です。

　今回、筆者が新規事業創造や業務改革を推進するみなさんに、できるだけわかりやすく、現場での活動に役立てるため本書を書こうとしたときに気にしたのは、この新規要素をどう扱うかでした。Webの記事であれば、社会環境が変化すれば書き直していけばいいでしょう。これまで「DXでの業務改革入門」というタイトルで書いていた内容を「生成AIを活用した業務改革入門」に更新すればいいわけです（ちょっと極端ですが）。でも、今回はWeb記事ではなく書籍です。一度出版されればそのままの形で残るものです。5年後、10年後に読者が手に取ったときに同じように役立つことは大切です。本書の企画段階から編集完了までお世話になった三津田治夫さんに、2013年に

お手伝いいただき執筆した『わかりやすいアジャイル開発の教科書』（SBクリエイティブ刊）は、いまでもほとんどの内容が、アジャイルを始めようとしているソフトウェアエンジニアの方々のお役に立てるものと自負しています。

　同じようなレベルで10年以上読み続けていただける本が書けるのか？ ではどうする？ と熟考した結果、本書では、できるだけ普遍的で、社会環境が変わったとしても活動の軸として変わらないものをわかりやすくまとめることにしました。「デザイン思考」や「アジャイル」もそのまま使うのではなく、身近でわかりやすい表現にまとめ直して、みなさんの活動として活用しやすくなることを考慮しました。

　あわせて、筆者自身の新規チャレンジの経験や、推進するみなさんを支援させていただきながら感じていた「これは外せない重要なポイント」をお伝えしたく、重点を置きました。

　それが事業改革を推進するためにコアとなる「3つの軸」です。

1. 目指すべきゴールの策定・共有によるビジョンの明確化
2. 短いサイクルアプローチによる変化に適応した仮説検証
3. 「自分ごと化」と「チームごと化」による推進の一体化

　それぞれが、私自身のパッションともいえます。とくに、3つ目は私自身がいちばん大切にしたい軸です。新規事業創造や業務改革を推進するみなさんにはたえず気にしておいていただきたい、絶対に伝えたかった、成功に影響する内容です。いろいろな活動シーンでの「共創（共に創り上げていく）」を大切に、チームの力を引き出してください。

　本書を推進活動の現場に置いていただき、参考として使っていただければ幸いです。そしてさらにステップアップして、みなさんの組織やチームとしての「自分たちの"型"」を作り出していただければ、今後の新規チャレンジ推進活動がさらに充実したものになります。それだけではなく、それぞれのチームの"型"が集まり、融合していくこ

とで、組織としての"型"もできあがります。ぜひチャレンジしてください。

みなさんのトランスフォーメーションが成功して、たくさんの人々、そして社会を、素敵でワクワクできる未来に変えてくれることを楽しみにしています。

成功したら、事例として参考にさせていただきたいので、ぜひご一報ください！

最後に、今回の書籍もたくさんの方々のお世話になりました。

内容のご相談やレビューをしていただいた、萩本順三さん、吉田満梨さん、田中康さん、岩橋正実さん、島林大祐さん、南田真人さん、八木将計さん、中野安美さん、和田憲明さん、森實繁樹さん、中原慶さん、デロイトトーマツコンサルティングのみなさん、事例にご協力いただいたフルノシステムズの河野通孝さん、松﨑浩幸さん、永和システムマネジメントの岡島幸男さん、宮下和久さんなど、本当にたくさんの方々のお世話になりました。

編集の三津田治夫さん、インプレスの片岡仁さんにも、企画段階から書き上げるまで本当にお世話になりました。ここまで書けたのも、お2人からのたくさんのアドバイスのおかげです。

もちろん、本を書くと、夜な夜な寝ないお父さんに付き合わせてしまった家族にも感謝、感謝です。

たくさんの方々のおかげでできあがったこの本を、たくさんのみなさんに読んでいただき、たくさんの成果につながることを楽しみにしています。

前川 直也

INDEX

[数字・欧文]

5W1H ··· 063, 065

As Is ··· 054, 078

Doneの定義 ·· 183
DX ······················· 052, 065, 135, 149, 254

How ··· 065

IT構築 ·· 253
ITシステム ···································· 138, 228

KPT（けぷと）·· 206

Miro ··· 072
Must ··· 024, 060, 223
MVP（Minimum Viable Product）
·· 129, 133, 168, 226

PRePモデル ··· 047

Small Step Up ····································· 153
SWOT ··· 101

To Be ·· 089

Well-being ··· 243
What ··· 065
When ··· 065
Where ·· 065
Who ·· 065
Why ·· 065
Will ························· 024, 064, 213, 260

[あ行]

アーキテクチャ ······································ 226
アイスブレイク ······································· 203
アクティビティ ······························· 022, 239
アンチパターン ······················ 012, 128, 222
位置情報 ······································· 135, 154
一気通貫につなげて検証 ························ 153
イノベーション ······················ 045, 055, 114
イノベーション型 ···································· 110
イラスト化 ···································· 072, 239
インタビュー ··· 086
受け手側 ······································· 030, 071
動くもの
······· 014, 046, 087, 140, 150, 178, 188, 199
永和システムマネジメント ······················ 248

264

エコシステム ……………………………… 258
エンジニア ………………… 051, 081, 169, 183
オンラインコミュニケーションツール …… 072

[か行]

解決型（ソリューション型） …………… 110
改善 …………………… 125, 141, 152, 199
開発・検証 …………………………… 123, 153
開発順位 ………………………………… 161
外部環境 ………………………………… 102
外部ベンダー …………………………… 231
カスタマージャーニーマップ …………… 094
仮説検証 …………… 003, 046, 123, 150, 220
　〜フェーズ ………… 010, 014, 128, 149, 252
仮説定義 …………… 003, 078, 149, 169, 190
　〜フェーズ ………………… 010, 013, 040
型 …………………… 013, 017, 047, 221
課題に立ち向かい成長させる「強さ」 …… 216
価値創造重視型 ………………………… 029
価値提案（VP：Value Proposition） …… 104
価値評価 ………………………………… 138
活動を活性化させる「力」 ……………… 215
カット＆トライ ……………………… 019, 132
カテゴリ ………………………………… 107
関係性 …… 103, 113, 116, 150, 166, 223, 231
完成度の不安 …………………………… 007
完了条件の明確化（Doneの定義）… 157, 183
機会（Opportunity） ……………………… 101
技術調査 …………………………… 042, 100
キャッチコピー …………………………… 246
脅威（Threats） …………………………… 101

共感（Empathize） ……………………… 085
　〜する ………………………………… 071
共感度合い ……………………………… 072
競合企業 ………… 041, 084, 099, 120, 155
共創 ……………………………………… 210
共創力 …………………………………… 238
業務フロー ……………………………… 054
共有する ………………………………… 071
計画検証型 ……………………………… 014
計画達成重視型 ………………………… 029
ゲイン …………………………………… 078
言語化 …………… 072, 075, 090, 184, 239, 259
検証（Test） ……………………………… 087
顧客セグメント（CS：Customer Segments）
　………………………………………… 104
顧客との関係（CR：Customer Relationship）
　………………………………………… 105
顧客のジョブ（Customer Job(s)）……… 112
顧客の悩み（Pains） …………………… 112
　〜を取り除くもの（Pain Relievers）…… 113
顧客の利得（Gains） …………………… 112
　〜をもたらすもの（Gain Creators）…… 113
顧客への提供価値（Value Propositions）
　………………………………………… 112
顧客満足度 ……………………………… 045
コスト削減 …………………………… 006, 045
コスト構造（CS：Cost Structure）……… 107
ことづくり ………………………………… 082

[さ行]

さきのこと ……………………………… 248

265

サブスクリプション ·················· 157
試作 (Prototype) ···················· 087
指示型マネジメント ················· 015
自社分析 ···························· 260
自主性 ······························ 144
市場調査 (トレンド調査) ·············· 041
システム ······················ 003, 040
自分ごと化 ···· 004, 009, 023, 049, 060, 091, 152, 192, 210, 212
自分たち自身の"型" ·················· 017
収益の流れ (RS：Revenue Streams) ···· 105
収益モデル
　　　　　　040, 045, 084, 099, 120, 131, 249
主要活動 (KA：Key Activities) ········ 106
新規ビジネス創造 ··· 002, 007, 010, 012, 022, 041, 075, 078, 120, 151, 171, 210, 212, 221, 252
推進チーム ····· 015, 019, 037, 049, 052, 054, 077, 090, 163, 197, 240, 252
推進における4つの強さ ··············· 215
推進の不安 ····················· 007-010
推進プロセス ··················· 008, 124
推進モデル ·························· 018
スキル・ノウハウの伝達 ·············· 080
ステークホルダー ··············· 002-004
製造現場 ······ 052, 065, 094, 133, 136, 153
成長 ································ 207
成長性 ························ 041, 099, 120
製品とサービス (Product & Services) ··· 113
セクショナリズム ···················· 252
戦略の不安 ···················· 007, 009, 024
相互作用 ······ 015, 030, 051, 066, 080, 143, 180, 211, 256
相互理解 ······················ 233, 252
相互連携 ···························· 258
組織評価 ······ 040, 043, 044, 070, 099, 120
ソリューション ··· 034, 042, 052, 109, 196, 248

[た行]

ターゲットユーザー ············· 052, 066
対話
　　　 032, 045, 072, 143, 202, 219, 238, 256
匠 Method ··························· 011
タスクフォース ······················ 044
タッチポイント ············· 094, 095, 105
段取り ············· 142, 166, 183, 200, 217
チームごと化 ··· 004, 009, 020, 049, 060, 091, 109, 152, 192, 210, 222, 235
チームづくり ··············· 010, 011, 015
チェックポイント ············ 127, 172, 175
チャネル (CH：Channels) ············· 104
中期経営計画 ·················· 013, 033
調査・分析 ···················· 040, 130
強み (Strength) ······················ 101
定義 (Define) ······················· 086
ディスカッション ····· 071, 073, 076, 091, 115, 190, 225, 239
定性的 ························· 013, 104
定量的 ··· 013, 033, 066, 090, 104, 185, 205
データ分析
　　　　　　135, 136, 149, 154, 160, 174, 180
データベース ·················· 139, 182
「出島」方式 ·························· 016

| デバイス……………………065, 179
| 伝達方法……………………029, 033
| 独自性………………………114, 155
| トップダウン………………………015

［な・は行］

内製化…………………………254
内部環境………………………101
パーツの関係性………………116
パッション………192, 211, 214, 217, 235
パフォーマンス……130, 166, 194, 202, 257
バリュープロポジションキャンバス…111, 115
判断軸…………………………152
ビジネス定義………………253-255
ビジネスモデルキャンバス……097, 103, 107
ビジネスモデル検討……040, 045, 069, 070, 100, 120
ビジョン…003, 009, 011, 013, 022, 024, 037, 043, 060, 246
ビジョンステートメント………073, 076, 077
人・もの・金…………………032, 100
ファシリテーション……………087, 202, 221
ファシリテーター……151, 200, 201, 220, 240
フィードバック…003, 014, 039, 104, 121, 163, 171, 188, 195
風土や文化……………………016, 222, 247
ブラッシュアップ……012, 016, 047, 066, 074, 088, 124, 145, 199
ふりかえり………125, 143, 152, 165, 200, 204, 220
フルノシステムズ………………074, 096

フレームワーク……013, 021, 060, 073, 097, 100, 111, 206, 239
プロジェクトマネジメント………089, 158, 213
プロセス
……008, 014, 054, 065, 124, 150, 199, 202
プロダクト責任者…151, 189, 197, 225, 246
プロダクトレビュー
………151, 188, 189, 191, 201, 220
プロトタイプ…040, 045, 084, 120, 133, 141, 183, 228
ペイン…………078, 109, 114, 117, 195
ペース…………………………074, 142
ペルソナ………042, 091, 098, 112, 221
保守・運用……………………155

［ま行］

マーケティング………014, 092, 097, 101
マイクロマネジメント…………………144
マネタイズ………………014, 045, 101, 249
短いサイクル…004, 010, 046, 120, 128, 148, 183, 199
ミッション………013, 035, 092, 142, 247
見積り……………159, 165, 168, 185, 232
目指すべき姿…………………002, 038
メソッド……………………032, 100, 221
メリット…013, 033, 112, 120, 153, 179, 199
メンター…………………………018
モチベーション
………017, 028, 045, 127, 167, 211, 243
ものづくり……………………082, 157
モブダン………………………227

モブプロ（モブプログラミング）············ 227

[や行]

やってみる························· 205
ユーザーインターフェース
　············· 087, 139, 140, 195
ユーザー調査··· 040, 042, 056, 069, 099, 120
ユーザーの価値を検証············ 138, 169
優先順位
　········ 066, 086, 159, 178, 190-193, 201
要求仕様書······················ 229, 230
欲求········· 025, 110, 114, 237, 242
弱み（Weaknesses）················· 101

[ら・わ行]

リーダーシップ························ 213
理解と共感······ 002, 003, 010, 022, 060, 148,
　211
リスク···························· 012, 048
リソース······························ 031
リソース（KR：Key Resources）········ 105
リリース判断························ 154
ルール······························ 016
レジリエンス························ 216
レポート···························· 135
ロードマップ······················ 077, 101
ログイン···························· 135
ワーキンググループ················ 158
ワークショップ型···················· 237
ワンチーム········ 228, 235, 252, 258

■著者紹介

前川 直也（まえかわ なおや）
株式会社未来戦略室 代表取締役社長
アジャイルコンサルタント

日本コンピューター・システム（現NCS&A）にて業務システム開発を経験後、2002年にアジャイルに出会い、パナソニックにてLUMIX開発でのソフトPMとして大規模組込みアジャイル開発を実現させる。日新システムズにてアジャイルをベースにした組織改革・品質保証・新規ビジネスモデル構築などを実践したのち、デロイトトーマツコンサルティングにて、新規事業創造・DX推進のためのアジャイルコンサルを実践。

2024年から独立し、株式会社未来戦略室を立ち上げ、新規ビジネス創造、デジタル業務改革に関するコンサルティング、伴走支援、セミナーなどを実施している。
その他、企業や団体、大学でのアジャイルセミナー・ワークショップなども広範囲に実施している。

アジャイル経営カンファレンス実行委員、EdgeTech+Westカンファレンス委員、ソーシャルバリューエンジニアリングコンソシアム設立メンバー。

著書（共著）として、『わかりやすいアジャイル開発の教科書』（SBクリエイティブ）、『システム開発現場のファシリテーション〜メンバーを活かす最強のチームづくり』（技術評論社）などがある。

株式会社未来戦略室：https://www.tomoiki-works.jp/books
Mail：books@tomoiki-works.jp

装丁／本文デザイン	GAD,Inc. 大橋義一
DTP	株式会社ツークンフト・ワークス
編集	コンピューターテクノロジー編集部／株式会社ツークンフト・ワークス
校閲	東京出版サービスセンター

本書のご感想をぜひお寄せください

https://book.impress.co.jp/books/1122101131

読者登録サービス CLUB impress
アンケート回答者の中から、抽選で図書カード（1,000円分）などを毎月プレゼント。
当選者の発表は賞品の発送をもって代えさせていただきます。
※プレゼントの賞品は変更になる場合があります。

■商品に関する問い合わせ先

このたびは弊社商品をご購入いただきありがとうございます。本書の内容などに関するお問い合わせは、下記のURLまたは二次元バーコードにある問い合わせフォームからお送りください。

https://book.impress.co.jp/info/

上記フォームがご利用いただけない場合のメールでの問い合わせ先
info@impress.co.jp

※お問い合わせの際は、書名、ISBN、お名前、お電話番号、メールアドレス に加えて、「該当するページ」と「具体的なご質問内容」「お使いの動作環境」を必ずご明記ください。なお、本書の範囲を超えるご質問にはお答えできないのでご了承ください。

- 電話やFAX でのご質問には対応しておりません。また、封書でのお問い合わせは回答までに日数をいただく場合があります。あらかじめご了承ください。
- インプレスブックスの本書情報ページ https://book.impress.co.jp/books/1122101131 では、本書のサポート情報や正誤表・訂正情報などを提供しています。あわせてご確認ください。
- 本書の奥付に記載されている初版発行日から3年が経過した場合、もしくは本書で紹介している製品やサービスについて提供会社によるサポートが終了した場合はご質問にお答えできない場合があります。

■落丁・乱丁本などの問い合わせ先

FAX　03-6837-5023
service@impress.co.jp
※古書店で購入された商品はお取り替えできません。

チームでの未来戦略の描き方
はじめてでもできるDX・事業変革プロセス入門

2024年12月11日　初版発行

著　者	前川 直也（まえかわ なおや）
発行人	高橋隆志
編集人	藤井貴志
発行所	株式会社インプレス 〒101-0051　東京都千代田区神田神保町一丁目105番地 ホームページ　https://book.impress.co.jp/

本書は著作権法上の保護を受けています。本書の一部あるいは全部について（ソフトウェア及びプログラムを含む）、株式会社インプレスから文書による許諾を得ずに、いかなる方法においても無断で複写、複製することは禁じられています。

Copyright ©2024 Naoya Maekawa. All rights reserved.

印刷所　株式会社暁印刷

ISBN978-4-295-02043-1　C3055

Printed in Japan